城镇供水行业职业技能培训系列丛书

供水客户服务员
考试大纲及习题集

Water-supply Customer Service Representative:
Exam outline and Exercise

南京水务集团有限公司　主编

中国建筑工业出版社

图书在版编目（CIP）数据

供水客户服务员考试大纲及习题集 = Water-supply Customer Service Representative：Exam outline and Exercise / 南京水务集团有限公司主编. — 北京：中国建筑工业出版社，2022.5

（城镇供水行业职业技能培训系列丛书）

ISBN 978-7-112-27298-3

Ⅰ. ①供… Ⅱ. ①南… Ⅲ. ①城市供水—供水管理—技术培训—考试大纲②城市供水—供水管理—技术培训—习题集 Ⅳ. ①TU991

中国版本图书馆 CIP 数据核字(2022)第 061156 号

为了更好地贯彻实施《城镇供水行业职业技能标准》CJJ/T 225—2016，并进一步提高供水行业从业人员职业技能，南京水务集团有限公司主编了《城镇供水行业职业技能培训系列丛书》。本书为丛书之一，以供水客服服务员岗位应掌握的知识为指导，由考试大纲、习题集和模拟试卷、参考答案等内容组成。

本书可用于城镇供水行业职业技能培训教学使用，也可作为行业职业技能大赛命题的参考依据。

责任编辑：胡明安　杜　洁　李　雪

责任校对：李美娜

城镇供水行业职业技能培训系列丛书

供水客户服务员考试大纲及习题集

Water-supply Customer Service Representative：Exam outline and Exercise

南京水务集团有限公司　主编

*

中国建筑工业出版社出版、发行（北京海淀三里河路 9 号）

各地新华书店、建筑书店经销

北京红光制版公司制版

北京建筑工业印刷厂印刷

*

开本：787 毫米×1092 毫米　1/16　印张：12¾　字数：318 千字

2022 年 6 月第一版　2022 年 6 月第一次印刷

定价：**38.00** 元

ISBN 978-7-112-27298-3

（38998）

《城镇供水行业职业技能培训系列丛书》编委会

本书编委会

主　　编：金　陵

副 主 编：宁作韧

参　　编：刘　媛　马海坚　杨　牧　杨永辉　邓　倩

#《城镇供水行业职业技能培训系列丛书》
序　　言

城镇供水，是保障人民生活和社会发展必不可少的物质基础，是城镇建设的重要组成部分，而供水行业从业人员的职业技能水平又是供水安全和质量的重要保障。1996年，中国城镇供水协会组织编制了《供水行业职业技能标准》，随后又编写了配套培训丛书，对推进城镇供水行业从业人员队伍建设具有重要意义。随着我国城市化进程的加快，居民生活水平不断提升，生态环境保护要求日益提高，城镇供水行业的发展迎来新机遇、面临更大挑战，同时也对行业从业人员提出了更高的要求。我们必须坚持以人为本，不断提高行业从业人员综合素质，以推动供水行业的进步，从而使供水行业能适应整个城市化发展的进程。

2007年，根据原建设部修订有关工程建设标准的要求，由南京水务集团有限公司主要承担《城镇供水行业职业技能标准》的编制工作。南京水务集团有限公司，有近百年供水历史，一直秉承“优质供水、奉献社会”的企业精神，职工专业技能培训工作也坚持走在行业前端，多年来为江苏省内供水行业培养专业技术人员数千名。因在供水行业职业技能培训和鉴定方面的突出贡献，南京水务集团有限公司曾多次受省、市级表彰，并于2008年被人社部评为“国家高技能人才培养示范基地”。2012年7月，由南京水务集团有限公司主编，东南大学、南京工业大学等参编的《城镇供水行业职业技能标准》完成编制，并于2016年3月23日由住房和城乡建设部正式批准为行业标准，编号为CJJ/T 225—2016，自2016年10月1日起实施。该《城镇供水行业职业技能标准》的颁布，引起了行业内广泛关注，国内多家供水公司对《城镇供水行业职业技能标准》给予了高度评价，并呼吁尽快出版《城镇供水行业职业技能标准》配套培训教材。

为更好地贯彻实施《城镇供水行业职业技能标准》，进一步提高供水行业从业人员职业技能，自2016年12月起，南京水务集团有限公司又启动了《城镇供水行业职业技能标准》配套培训系列丛书的编写工作。考虑到培训系列教材应对整个供水行业具有适用性，中国城镇供水排水协会对编写工作提出了较为全面且具有针对性的调研建议，也多次组织专家会审，为提升培训教材的准确性和实用性提供技术指导。历经两年时间，通过广泛调查研究，认真总结实践经验，参考国内外先进技术和设备，《城镇供水行业职业技能标准》配套培训系列丛书终于顺利完成编制，即将陆续出版。

该系列丛书围绕《城镇供水行业职业技能标准》中全部工种的职业技能要求展开，结合我国供水行业现状、存在问题及发展趋势，以岗位知识为基础，以岗位技能为主线，坚持理论与生产实际相结合，系统阐述了各工种的专业知识和岗位技能知识，可作为全国供水行业职工岗位技能培训的指导用书，也能作为相关专业人员的参考资料。《城镇供水行业职业技能标准》配套培训教材的出版，可以填补供水行业职业技能鉴定中新工艺、新技术、新设备的应用空白，为提高供水行业从业人员综合素质提供了重要保障，必将对整个供水行业的蓬勃发展起到极大的促进作用。

中国城镇供水排水协会

2018 年 11 月 20 日

《城镇供水行业职业技能培训系列丛书》
前　言

城镇供水行业是城镇公用事业的有机组成部分，对提高居民生活质量、保障社会经济发展起着至关重要的作用，而从业人员的职业技能水平又是城镇供水质量和供水设施安全运行的重要保障。1996年，按照国务院和劳动部先后颁发的《中共中央关于建立社会主义市场经济体制若干规定》和《职业技能鉴定规定》有关建立职业资格标准的要求，建设部颁布了《供水行业职业技能标准》，旨在着力推进供水行业技能型人才的职业培训和资格鉴定工作。通过该标准的实施和相应培训教材的陆续出版，供水行业职业技能鉴定工作日趋完善，行业从业人员的理论知识和实践技能都得到了显著提高。随着国民经济的持续、高速发展，城镇化水平不断提高，科技发展日新月异，供水行业在净水工艺、自动化控制、水质仪表、水泵设备、管道安装及对外服务等方面都发展迅速，企业生产运营管理水平也显著提升，这就使得职业技能培训和鉴定工作逐渐滞后于整个供水行业的发展和需求。因此，为了适应新形势的发展，2007年原建设部制定了《2007年工程建设标准规范制订、修订计划（第一批）》，经有关部门推荐和行业考察，委托南京水务集团有限公司主编《城镇供水行业职业技能标准》，以替代96版《供水行业职业技能标准》。

2007年8月，南京水务集团精心挑选50名具备多年基层工作经验的技术骨干，并联合东南大学、南京工业大学等高校和省住建系统的14位专家学者，成立了《城镇供水行业职业技能标准》编制组。通过实地考察调研和广泛征求意见，编制组于2012年7月完成了《城镇供水行业职业技能标准》的编制，后根据住房和城乡建设部标准定额司、人事司及市政给水排水标准化技术委员会等的意见，进行修改完善，并于2015年10月将《城镇供水行业职业技能标准》中所涉工种与《中华人民共和国执业分类大典》（2015版）进行了协调。2016年3月23日，《城镇供水行业职业技能标准》由住房和城乡建设部正式批准为行业标准，编号为CJJ/T 225—2016，自2016年10月1日起实施。

《城镇供水行业职业技能标准》颁布后，引起供水行业的广泛关注，不少供水企业针对《城镇供水行业职业技能标准》的实际应用提出了问题：如何与生产实际密切结合，如何正确理解把握新工艺、新技术，如何准确应对具体计算方法的选择，如何避免因传统观念陷入故障诊断误区，等等。为了配合《城镇供水行业职业技能标准》在全国范围内的顺利实施，2016年12月，南京水务集团启动《城镇供水行业职业技能培训系列丛书》的编写工作。编写组在综合国内供水行业调研成果以及企业内部多年实践经验的基础上，针对目前供水行业理论和工艺、技术的发展趋势，充分考虑职业技能培训的针对性和实用性，历时两年多，完成了《城镇供水行业职业技能培训系列丛书》的编写。

《城镇供水行业职业技能培训系列丛书》一共包含了10个工种，除《中华人民共和国执业分类大典》（2015版）中所涉及的8个工种，即自来水生产工、化学检验员（供水）、供水泵站运行工、水表装修工、供水调度工、供水客户服务员、仪器仪表维修工（供水）、供水管道工之外，还有《中华人民共和国执业分类大典》中未涉及但在供水行业中较为重要的泵站机电设备维修工、变配电运行工 2 个工种。

本系列丛书在内容设计和编排上具有以下特点：（1）整体分为基础理论与基本知识、专业知识与操作技能、安全生产知识三大部分，各部分占比约为 3∶6∶1；（2）重点介绍国内供水行业主流工艺、技术、设备，对已经过时和应用较少的技术及设备只作简单说明；（3）重点突出岗位专业技能和实际操作，对理论知识只讲应用，不作深入推导；（4）重视信息和计算机技术在各生产岗位的应用，为智慧水务的发展奠定基础。《城镇供水行业职业技能培训系列丛书》既可作为全国供水行业职工岗位技能培训的指导用书，也能作为相关专业人员的参考资料。

《城镇供水行业职业技能培训系列丛书》在编写过程中，得到了中国城镇供水排水协会的指导和帮助，刘志琪秘书长对编写工作提出了全面且具有针对性的调研建议，也多次组织专家会审，为提升培训教材的准确性和实用性提供了技术指导；东南大学张林生教授全程指导丛书编写，对每个分册的参考资料选取、体量结构、理论深度、写作风格等提出大量宝贵的意见，并作为主要审稿人对全书进行数次详尽的审阅；中国生态城市研究院智慧水务中心高雪晴主任协助编写组广泛征集意见，提升教材适用性；深圳水务集团，广州水投集团，长沙水业集团，重庆水务集团，北京市自来水集团、太原供水集团等国内多家供水企业对编写及调研工作提供了大力支持，值此《城镇供水行业职业技能培训丛书》付梓之际，编写组一并在此表示最真挚的感谢！

《城镇供水行业职业技能培训系列丛书》编写组水平有限，书中难免存在错误和疏漏，恳请同行专家和广大读者批评指正。

南京水务集团有限公司
2019 年 1 月 2 日

前　言

本书是《供水客户服务员基础知识与专业务实》的配套用书，一共包括考试大纲、习题集、参考答案等内容组成。

本书的内容设计和编排有以下特点：1. 考试大纲深入贯彻《城镇供水行业职业技能标准》CJJ/T 225—2016，具备行业权威性；2. 习题集对照《供水客户服务员基础知识与专业务实》进行编写，针对性和实用性强；3. 习题内容丰富，形式灵活多样，有利于提高学员学习兴趣；4. 习题集力求循序渐进，由浅入深，整体理论难度适中，重点突出实践，方便教学安排和学员理解掌握。

本书可用于城镇供水行业职业技能培训教学使用，也可作为行业职业技能大赛命题的参考依据和供水从业人员学习的参考资料。

本书在编写过程中，得到了多位同行专家和高校老师的热情帮助和支持，特此致谢！由于编者水平有限，不妥与错漏之处在所难免，恳请读者批评指正。

供水客户服务员编写组

2022年1月

目　录

第一部分　考试大纲

职业技能五级供水客户服务员考试大纲

1. 掌握工器具的安全使用方法
2. 了解安全生产基本法律法规
3. 熟悉供水企业管理章程
4. 掌握供水企业自来水用户分类及价格组成
5. 了解国家生活饮用水卫生标准
6. 了解自来水生产工艺流程
7. 了解行业的相关法律法规和政府文件
8. 了解水表计量原理
9. 了解工作区域的街道位置
10. 掌握供水营销管理工作的相关规定
11. 掌握营销岗位的工作流程
12. 掌握用户资料的组成知识
13. 掌握水表分类及编号的方法
14. 了解水表构造、分类、工作原理、特性
15. 掌握供水企业的估收管理办法
16. 掌握供水企业的营销管理办法
17. 掌握数学计算基础知识
18. 掌握供水企业抄表器使用规范
19. 了解企业常用水表配件的名称、规格和公英制换算
20. 掌握水表的分类、特性、使用年限
21. 了解水质的基础知识
22. 掌握水表故障的常见类型
23. 了解常用生活用水设备的构造
24. 了解新装水表的工作程序
25. 了解水表的安装规范
26. 了解供水企业违法违章用水管理办法
27. 了解统计学的基础知识
28. 掌握计算机的基础知识
29. 掌握供水企业水费调整减免的有关规定及相应的计算方法
30. 了解供水企业柜台收费项目
31. 掌握供水企业的“信、电、访”三来工作分类、工作要求和处理期限
32. 了解供水企业服务监督电话、批评、举报的处理规定
33. 能根据分配的抄表簿情况，编排抄表线路和抄表册顺序

34. 能按供水企业章程，与供水用户进行约定式服务
35. 能根据抄读水表的类型准备好工具
36. 能根据供水企业的管理章程，准备和填写完整必备章据
37. 能根据提供的资料确定待抄读的水表
38. 能发现资料中的不准确项，并提出修改意见
39. 能按抄读水表的规范要求抄读水表
40. 能判别不同口径的计量范围
41. 能正确抄读各类口径的指针式水表
42. 能正确抄读各类直读式水表
43. 能正确进行新表的平均计算
44. 能正确进行水表快慢的退补计算
45. 能根据水表的示值计算出用水量
46. 能正确填写表卡和录入抄表数据
47. 能按规范正确填写表卡各栏目内容
48. 能按规范准确录入数据及要求的内容
49. 能根据历史用水量的资料，判定用户用水量的异常变化
50. 能按供水企业章程开发、送达供水用户各类格式表单
51. 能对各种量高量低的供水用户做好客户走访，分析量高量低的原因
52. 能正确识别主要供水管材，了解管材特性
53. 能准确识别水表类型
54. 能识别水质的状况
55. 能正确判断水表前后阀门类型及特性
56. 能正确识别消火栓的类型及特性
57. 能正确识别供水管线的进出水走向
58. 能正确识别常见水表故障
59. 能进行一般的漏水检查判断
60. 能准确识别阀门故障
61. 能识别明显的违法违章用水
62. 能正确计算水费，掌握水费的计算方法
63. 了解计算机发行水费的过程，掌握计算机的基础操作
64. 能在计算机中查询供水用户资料
65. 能正确填写各类工作单
66. 能按供水企业的章程，正确审所各类工作单
67. 能进行一般性的水费调整、减免的账务处理
68. 能处理一般性的柜台业务工作
69. 能进行“信、电、访”三来的一般性处理
70. 能对监督电话、批评、举报的事项进行一般性处理
71. 能分类统计汇总水量
72. 能进行简单的柜台收费工作

职业技能四级供水客户服务员考试大纲

1. 掌握本工种安全操作规程
2. 熟悉安全生产基本常识及常见安全生产防护用品的功用
3. 了解安全生产的基本法律法规
4. 熟悉工作区域内每一表具的大致用水范围
5. 掌握本岗位的各项规程、规范
6. 掌握工作区域的街道位置、主要管网分布、供水分区划分及主要用水企业管网的大致走向
7. 了解供水企业的对外服务承诺和要求
8. 掌握不同口径、不同类型水表的计量特性、指示特征
9. 熟悉各种用水性质用户的用水规律和主要特征
10. 熟悉工作区域重要用户分布情况及用水情况
11. 掌握一定的数据库基础知识
12. 掌握水费调整、减免和补收的所有账务处理办法
13. 了解水费账务在财务工作中的地位
14. 掌握退款的发生原因、退款的手续和方式
15. 掌握托收、电子托付、小额支付待支付方式失败的原因及处理办法
16. 掌握各类水费账务报表的含义、作用及数据来源
17. 了解一定的会计学基础知识
18. 熟悉新装水表的工作程序
19. 熟悉供水企业的水量统计分析方法
20. 熟悉供企业营销工作质量分析管理办法
21. 熟悉供水企业柜台收费项目
22. 能科学地安排抄读线路、编排抄表册
23. 能提出组成用户资料的建议
24. 能补充完善缺失的用户资料
25. 掌握所抄读水表的位置和大致供水范围
26. 能正确抄读各类疑难水表
27. 能提出疑难表的改造方案
28. 能提出数据记录规范的建议
29. 能对供水用户的用水量特殊变化正确判别和处理
30. 能对用水量超出常态的，进行检查和分析，判别用水量超出常态的原因
31. 能根据供水用户的用水情况，准确确定水价组成
32. 能根据供水用户的用水情况提出使用供水管材的建议

33. 能根据用水量、用水环境提出水表选型的建议
34. 能对用水量超出常态的供水用户，提出水表口径的改进建议
35. 掌握水池、水箱、水泵等设备的性能及检查方法
36. 能准确判定水表产生故障的原因
37. 能提出降低水表、管材、阀门故障率的建议
38. 能准确判别各类违法违章用水事件
39. 能做好供水违章的取证工作
40. 能提出拆除供水违章的建议
41. 能进行计算机水费发行的操作
42. 熟练使用相关办公软件
43. 能提出工作单申报流转的改进建议
44. 能准确地完成各类水费调整、减免和补收工作
45. 能接受新装水表的客户咨询
46. 能对抄表质量进行检查和复核
47. 能审核各类水量、审核中能发现问题
48. 能解决较疑难的业务问题和水费纠纷
49. 能对收集和记录用户反映集中的各类信息做情况调查
50. 能编写“电、信、访”三来业务综合分析
51. 掌握各种水价、职业类别水量所占总水量的比例
52. 能运用统计学原理、掌握各类职业类别水量所占总水量比例的原因
53. 掌握每月售水量占全年水量的大致比例
54. 能对分类汇总中出现的明显异常的水量组成，掌握产生的原因
55. 能对抄见区域内量高量低波动大的供水用户分类汇总，掌握波动大产生的原因
56. 能结合售水量对损漏率（产销差）作简单分析

职业技能三级供水客户服务员考试大纲

1. 掌握本工种安全操作规程
2. 熟悉安全生产基本常识及常见安全生产防护用品的功用
3. 了解安全生产的基本法律法规
4. 掌握整个管辖区域内的街道位置及大用户水表方位
5. 掌握自来水生产的工艺流程及主要用水户的供水、用水情况
6. 了解国内外自来水营销方面的最新动态
7. 熟悉供水企业的所有对外服务承诺和要求
8. 掌握供水企业水费账务计算机处理方法
9. 熟悉新技术在自来水营销方面的应用
10. 掌握常用计算机专业英语词汇
11. 掌握计算机设备及外围设备的类型、性能等知识
12. 熟悉供水企业营业收费系统各功能模块间的相互关系
13. 熟悉会计学的基本原理
14. 熟悉各类退款的处理办法，托收、电子托付、小额支付等支付方式失败的处理方法
15. 掌握水费账务处理中总与分类账的内容及相互之间的关系
16. 熟悉新装水表工程、排管工程、查勘工作的工作内容
17. 掌握供水企业损漏率计算方法
18. 掌握供水企业水费回收率分析办法
19. 了解供水企业水量调查、用水情况调查及预测的方法
20. 了解供水营销工作的最新技术、管理体制动向
21. 掌握供水企业柜台所有营收项的工作流程
22. 能组织主持管辖区域内全部抄表册的编排
23. 能解决抄读中遇到的各种技术难题
24. 能根据本单位的实际情况，提出抄读水表的合理化建议和规范
25. 能提供解决供水设备故障的办法
26. 熟练运用数据库基础知识，操作供水企业营业收费系统各功能模块，并掌握功能模块相互关系
27. 熟练运用计算机实现水费的发行、水费账务的处理
28. 能运用新技术解决营销工作中的业务技术难题
29. 掌握和使用供水企业常用应用软件
30. 掌握常用计算机英语词汇
31. 能正确接插计算机各类附属设备，并能判别各种设备工作状况

32. 熟练办理各类退款
33. 能处理与用户用水量、水费的特殊纠纷
34. 熟练操作柜台所有营收业务
35. 能看懂新装水表的管道设计图和竣工图
36. 了解整个管辖区域内用水大户的生产工艺和用水规律
37. 能对整个管辖区域内的销售水量计或进行评估
38. 掌握整个管辖区域内售水量各种分类组成的原因
39. 掌握各种用水性质用水量变化趋势
40. 能运用统计学原理，进行整个管辖区域内损漏率（产销差）计算
41. 能汇总水费回收完成情况
42. 能分析各类别欠费的原因
43. 能组织实施有关水量的用水量情况调查，分类汇总调查结果
44. 能对初、中级工种进行培训指导

第二部分　习题集

第1章　城市供水行业的概述

一、单选题

1. 城市供水是指(　　)。

A　城市公共供水　　B　自建设施用水

C　自然河道供水　　D　城市公共供水和自建设施供水

2. 给水系统按供水方式可分为(　　)供水系统。

A　重力、水泵、混合　　B　自流、重力、压力

C　水泵、压力、混合　　D　重力、水泵、压力

3. 给水系统按用途可分为生活、生产和(　　)。

A　军事　　B　科技　　C　消防　　D　其他

4. 给水系统按使用目的可分为(　　)系统。

A　城市给水、工业给水　　B　城市给水、工业给水、循环给水

C　循环给水、复用给水　　D　生活给水、工业给水、消防给水

5. 综合生活用水是指(　　)。

A　居民用水和小区公共建筑用水

B　居民生活用水

C　居民用水、公共建筑用水和道路洒水绿化用水

D　居民用水、公共建筑用水和市政用水

6. 某城镇的生活给水管网有时供水量不能满足供水要求，以下所采用的(　　)措施是错误的。

A　从邻近有足够富裕供水量的城镇生活饮用水管网接管引水

B　新建或扩建水厂

C　从本城镇某企业自备的有足够富裕供水量的内部供水管接管引水

D　要求本城镇的用水企业通过技术改造节约用水，减少用水量

7. 水厂加氯消毒的主要目的是(　　)。

A　杀灭致病微生物　　B　杀灭病毒

C　杀灭细菌　　D　杀灭大肠菌

8. 供水单位卫生许可证，有效期为(　　)年，每年复核1次。

A　2　　B　1　　C　3　　D　4

9.《生活饮用水卫生标准》GB 5749—2006 中的饮用水水质指标共(　　)项。

A　35　　B　71　　C　106　　D　96

10. 下列(　　)选项不适用于《生活饮用水卫生标准》GB 5749—2006 的标准。

A　集中式供水单位卫生要求　　B　二次供水卫生要求

C　生活饮用水水源水质卫生要求　　D　循环冷却水水质卫生要求

11.（　　）是不属于二次供水系统采用的供水方式。

A　增压设备和高位水池（箱）联合供水　B　变频调速供水

C　叠压供水和气压供水　　D　循环供水

12. 调节（水池）泵站主要由（　　）和加压泵站组成。

A　调节信息系统　B　自控系统　C 过滤水池　D　调节水池

13. 自来水生产工艺流程通常包括混合、反应、沉淀、过滤及（　　）几个过程。

A　加压　B　消毒　C　输出　D　净水

14. 泵站、输水管渠、管网和调节构筑物等总称为（　　）。

A　取水系统　B　生产给水系统　C　输配水系统　D　水处理系统

15. 现行《生活饮用水卫生标准》是（　　）年颁布的。

A　1985　B　2002　C　2006　D　2015

16. 一般适用于小城市和小型工矿企业的管网布置形式是（　　）。

A　枝状网　B　环状网　C　井状网　D　星状网

17. 当水厂外没有调节构筑物的时候，城市水厂的清水池调节容积，可按最高日用水量的（　　）估算。

A　5%～10%　B　10%～20%　C　20%～30%　D　30%～40%

18. pH 应控制在（　　）范围内。

A　5～5.5　B　5.5～6　C　6.5～8.5　D　8.5～9

19. 清洁的饮用水应无色，限值为（　　）度。

A　10　B　12　C　15　D　18

20. 菌落总数是指水样在营养琼脂上、有氧条件下（　　）培养（　　）h 后，1mL 水样所含的菌落总数。

A　37℃　24　B　37℃　36　C　37℃　48　D　40℃　48

二、多选题

1. 禁止在饮用水水源一级保护区内从事（　　）或者其他可能污染饮用水水体的活动。

A　网箱养殖　　B　旅游

C　游泳　　D　垂钓

E　化工排放

2. 饮用水水质指标包括（　　）。

A　微生物指标　　B　饮用水消毒剂指标

C　毒理指标　　D　一般物理指标

E　放射性指标

3. 水泵（泵站）的扬程主要由（　　）几个部分组成。

A　静扬程　　B　水头损失

C　管网水头　　D　自由水头

E　富裕水头

4. 水头损失包括（　　）损失之和。

A 水塔　　B 压水管
C 输水管　　D 管网
E 吸水管

5. 二次供水一般采用(　　)供水方式。
A 增压设备和高位水池联合供水　　B 变频调速供水
C 叠压供水　　D 气压供水
E 加压供水

6. 现行生活饮用水卫生标准适用于(　　)。
A 集中式供水　　B 分散式供水
C 区域性供水　　D 自备式供水
E 特种供水

7. 饮用水肉眼可见物不得包括以下(　　)内容。
A 动植物　　B 油脂小球
C 液膜　　D 气泡
E 沉淀物

8. 气压供水的优点是(　　)。
A 结构紧凑　　B 安装简单
C 不会波动　　D 价格便宜
E 不易污染

9. 枝状网是干管和支管分明的管网布置形式。一般适用于(　　)。
A 大城市　　B 小城市
C 小型工矿企业　　D 单位
E 学校

10. 变频调速供水主要由(　　)组成。
A 高位水池（箱）　　B 水泵
C 变频器　　D 微机控制装置
E 管道组成

三、判断题

(　　) 1. 管网布置形状基本上可分为环状管网和树枝状管网。

(　　) 2. 根据《城市供水价格管理办法》的规定，新设备、新管网投产前或旧设备、旧管网修复后，必须严格冲洗、消毒、经检验浑浊度、细菌、肉眼可见物等指标合格后方可通水。

(　　) 3. 水质卫生的一般原则中要求保证流行病学安全，除少量病原微生物外不得含有其他细菌和病毒。

(　　) 4. 二次供水的水质根据现行国家标准《生活饮用水卫生标准》GB 5749—2006 的规定，可以略低于直供水的水质标准。

(　　) 5. 对于要求供水压力相差较大，而采用分压供水的管网，则不可以建造调节水池泵站。

（　　）6. 1994 年 7 月 19 日国务院发布了《中华人民共和国城市供水条例》。

（　　）7. 现行的《江苏省城乡供水管理条例》是在 2009 年颁布的。

（　　）8. 国家建立饮用水水源保护区制度。饮用水水源保护区分为一级保护区、二级保护区和三级保护区。

（　　）9. 二次供水水箱的容积设计不得低于用户 48h 的用水量。

（　　）10. 水的硬度原系指沉淀肥皂的程度，标准是 450mg/L。

四、简答题

1. 水质卫生一般原则有哪些？
2. 二次供水系统一般采用哪些供水方式？
3. 供水系统的组成大致分为哪些部分？

第2章　数据统计管理基础知识

一、单选题

1. 在对总体进行分组时，分布在各组的单位数，称为(　　)。

A　频率　　B　比率

C　次数分布或频数分布　　D　组的次数或频数

2. 下列说法错误的是(　　)。

A　构成总体的总体单位必须是同质的，也就是总体是由性质相同的许多单位组成，不能把不同质的单位混在同一总体之中。

B　统计研究最终是要确定总体的数量特征，但是有时总体的单位数很多，甚至无限，不可能或无必要对每个总体单位都做调查。这时就要借助样本来研究总体了。

C　统计指标是反映社会经济现象总体的质量特征的概念和数值。

D　统计总体就是根据一定的目的和要求，所需研究事物的全体。它是由客观存在的、具有共同性质的多个单位构成的整体。

3. 统计指标说明的是总体的数量特征，而标志则是反映(　　)的性质属性或数量特征。

A　统计总体　　B　统计个体　　C　调查对象　　D　总体单位

4. (　　)是反映客观现象总体在一定时间、地点条件下的总规模、总水平的综合指标。

A　总量指标　　B　相对指标　　C　平均指标　　D　数量指标

5. (　　)是指搜集到的资料必须真实可靠，符合客观实际，这是对调查工作最基本的要求，也是衡量调查工作质量的重要标志。

A　及时　　B　准确　　C　全面　　D　经济

6. 通过统计调查，取得统计所需要的原始数据后，需要对这些原始数据进行整理，这个过程就叫作(　　)。

A　统计整理　　B　统计分析　　C　统计调查　　D　统计研究

7. (　　)是统计整理的基础，其目的就是根据标志值将总体中有差别的单位区分开来，同时又将性质相同或相近的某些单位组合起来，以便区分事物的类型、研究总体的结构、探讨现象间的依存关系。

A　数据清理　　B　统计分析　　C　统计分组　　D　数据筛选

8. 统计工作的第三个阶段就是(　　)，它根据汇总整理的统计资料，运用各种统计方法，研究事物之间的数量关系，提示社会经济现象的一般特征及其规律性。

A　统计调查　　B　统计整理　　C　统计分组　　D　统计分析

9. (　　)是指社会经济现象中两个相互联系的指标数值之比，用以反映现象总体内部的结构、比例、发展状况或与其他总体的对比关系，其数值表现为相对数。

A　相对指标　　B　数量指标　　C　平均指标　　D　总量指标

10. 下列说法正确的是(　　)。

A　总量指标是一个反映总体变量值集中趋势的指标，可以把总体各单位在某个数量标志上存在的数量差异抽象化，反映出数量标志的一般水平，成为说明总体数量特征的代表值。

B　平均指标是反映客观现象总体各单位某一数量标志一般水平的综合指标。如职工的平均工资、平均水价、人均国民生产总值等。

C　平均指标是反映客观现象总体在一定时间、地点条件下的总规模、总水平的综合指标。

D　比较指标是反映客观现象总体各单位某一数量标志一般水平的综合指标。如职工的平均工资、平均水价、人均国民生产总值等。

11. 下列不属于相对指标的是(　　)。

A　发展速度　　B　计划完成程度

C　人均国内生产总值　　D　职工总人数

12. 一切说明事物在时间上、空间上的变动情况和计划完成情况的相对数，都可以称为(　　)。它通常是被研究现象两个时期数值比较的结果，一般用百分数表示。

A　指数　　B　指标　　C　标志　　D　数量

13. (　　)在计算综合指数时将作为权数的同度量因素固定在基期，它是德国经济学家于1864年首先提出的。

A　综合指数　　B　帕氏指数　　C　拉氏指数　　D　道琼斯指数

14. (　　)在计算综合指数时将作为权数的同度量因素固定在报告期，它是由德国的一位统计学家于1874年提出的一种指数计数方法。

A　综合指数　　B　帕氏指数　　C　拉氏指数　　D　道琼斯指数

15. 拉氏数量指标指数中的分子与分母的差额（$\sum Q_1P_0-\sum Q_0P_0$），可以说明由于(　　)的变动而产生的经济效果。

A　平均价格　　B　金额　　C　价格　　D　产量

16. 在实际统计工作中，由于受统计资料的限制，不能直接利用综合指数公式编制总指数。这时，要改变公式形式，根据由综合指数公式推导而来的(　　)公式来编制总指数。

A　帕氏指数　　B　拉氏指数　　C　平均指数　　D　平均指标

17. 确定(　　)就是要明确调查需要解决什么问题，搜集哪些资料，这是统计调查中带有根本性的问题。

A　调查单位　　B　调查对象　　C　调查目的　　D　报告单位

18. 水表抄见准确率是(　　)。

A　动态相对指标　　B　比较指标　　C　数量指标　　D　质量指标

19. (　　)是一种自上而下布置，自下而上通过填制统计报表搜集数据的制度。这种统计调查方式在我国已成为一种报告制度，这种制度具有全面性、统一性、时效性、相对的可靠性。

A　统计报表制度　B　专门调查制度　C　人口普查制度　D　重点调查制度

20. 以下不属于非全面调查的是(　　)。

A　抽样调查　B　人口普查　C　重点调查　D　典型调查

21. 抄表一组平均每人抄见户数是 2500 户，抄表二组平均每人抄见户数是 2000 户，则抄表一组平均抄见户数是抄表二组的（　　）%。

A　150　B　250　C　175　D　125

22. 2015 年供水量为 42029 万 m^3，2011 年供水量为 34723 万 m^3。若以 2015 年为报告期，2011 年为基期，那么定基发展速度为(　　)。

A　$\frac{42029}{34723}$　B　$\frac{42029}{34723}-1$　C　$\frac{34723}{42029}$　D　$\frac{34723}{42029}-1$

23. 某公司男性职工 180 人，女性职工 120 人，则男性对女性的相对比例用百分数表示为(　　)。

A　60%　B　120%　C　150%　D　200%

24. 下列属于数量指标指数的是(　　)。

A　$\frac{\sum Q_0P_1}{\sum Q_0P_0}$　B　$\frac{\sum Q_1P_0}{\sum Q_0P_0}$　C　$\frac{\sum Q_1P_1}{\sum Q_1P_0}$　D　$\frac{\sum K_pQ_1P_0}{\sum Q_1P_0}$

25. 设 P 为商品价格，Q 为销售量，则指数 $\frac{\sum Q_1P_0}{\sum Q_0P_0}$ 的实际意义是综合反映(　　)。

A　商品销售额的变动程度

B　商品价格变动对销售额的影响程度

C　商品价格和销售量变动对销售额的影响程度

D　商品销售量变动对销售额的影响程度

二、多选题

1. 以下属于统计学的研究方法的是(　　)。

A　大量观察法　B　综合指标法

C　推断分析法　D　试验设计法

E　统计模型法

2. 对一项统计调查的基本要求是(　　)。

A　准确　B　及时

C　全面　D　经济

E　快速

3. 以下说法正确的有(　　)。

A　一次性调查是为了研究总体现象在特定时点上的状态而进行的间隔一段较长的时间而进行的调查。

B　一次性调查是不连续的调查。

C　一次性调查根据客观需要和研究任务的不同，分为定期一次性调查和不定期一次性调查。

D　定期一次性调查是指间隔一段较长的时间进行一次调查，其时间隔大体相等，如每 10 年进行一次的全国人口普查。

E　一次性调查不是只调查一次，只是时间间隔较长，这是它与连续性调查的主要区别。

4. 统计整理主要包括哪三个方面的内容(　　)。

A　统计分析　　B　统计数据的预处理

C　统计分组　　D　统计调查

E　统计汇总

5. 以下说法正确的有(　　)。

A　平均指标是反映客观现象总体各单位某一数量标志一般水平的综合指标。如职工的平均工资、平均水价、人均国民生产总值等。

B　在统计中，综合描述总体数量特征常用的指标有两种，即：总量指标、平均指标。

C　平均指标是一个反映总体变量值集中趋势的指标，可以把总体各单位在某个数量标志上存在的数量差异抽象化，反映出数量标志的一般水平，成为说明总体数量特征的代表值。

D　平均指标只能就同质总体计算。只有对本质相同的现象进行计算，其平均数才能正确反映客观实际情况。如果把不同性质的个体混杂在一起计算的平均数，不但不能得到正确的结论，还会歪曲事实真相。

E　社会经济统计中采用的平均数主要有算术平均数、调和平均数、几何平均数、中位数和众数。

6. 以下统计公式正确的有(　　)。

A　$计划完成相对数=\frac{实际完成数}{计划任务数}\times 100\%$

B　$结构相对指标=\frac{总体某部分或某组的总量}{总体总量}\times 100\%$

C　$比例相对指标=\frac{总体中某一部分数值}{总体中另一部分数值}\times 100\%$

D　$比较相对指标=\frac{某地区（单位或企业）的指标值}{另一地区（单位或企业）的同类指标值}$

E　$增减速度=\frac{报告期水平}{基期水平}$

7. 下列属于数量指标指数的是(　　)。

A　$\frac{\Sigma Q_1 P_0}{\Sigma Q_0 P_0}$　　B　$\frac{\Sigma Q_0 P_1}{\Sigma Q_0 P_0}$

C　$\frac{\Sigma Q_1 P_1}{\Sigma Q_0 P_1}$　　D　$\frac{\Sigma K_q Q_0 P_0}{\Sigma Q_0 P_0}$

E　$\frac{\Sigma Q_1 P_1}{\Sigma Q_1 P_0}$

8. 下列说法正确的有(　　)。

A　相对指标是指社会经济现象中两个相互联系的指标数值之比，用以反映现象总体内部的结构、比例、发展状况或与其他总体的对比关系。

B　相对指标，其数值表现为相对数。

C　总量指标是反映客观现象总体在一定时间、地点条件下的总规模、总水平的综合指标。

D 不同时期的时期指标可以相加，不同时点的时点指标相加没有任何意义。时期指标相加表明某段时期活动过程或发展过程的总成果。

E 时点指标数值的大小与时点之间的间隔长短有着直接的依存关系。

9. 下列属于质量指标指数的是（　　）。

A $\frac{\Sigma Q_0 P_1}{\Sigma Q_0 P_0}$　　B $\frac{\Sigma Q_1 P_0}{\Sigma Q_0 P_0}$

C $\frac{\Sigma Q_1 P_1}{\Sigma Q_1 P_0}$　　D $\frac{\Sigma K_p Q_1 P_0}{\Sigma Q_1 P_0}$

E $\frac{\Sigma Q_1 P_1}{\Sigma Q_0 P_1}$

10. 相对指标是指社会经济现象中两个相互联系的指标数值之比，用以反映现象总体内部的结构、比例、发展状况或与其他总体的对比关系，其数值表现为相对数。以下属于相对指标的是（　　）。

A 计划完成情况相对指标　　B 结构相对指标

C 比较相对指标　　D 动态相对指标

E 强度相对指标

11. 总体指标按其反映的时间状态的不同，可以分为（　　）。

A 总量指标　　B 平均指标

C 时期指标　　D 时点指标

E 相对指标

12. 下列说法正确的有（　　）。

A 总量指标是反映客观现象总体在一定时间、地点条件下的总规模、总水平的综合指标。

B 总量指标是人们认识事物的客观依据和起点，任何事物的数量方面首先表现为总量，即总规模、总水平。

C 总量指标也是计算其他统计指标的基础。相对指标和平均指标一般是两个总量指标对比的结果，是总量指标的派生指标。

D 总体指标按其反映的时间状态的不同，可以分为时期指标和时点指标。

E 职工总人数、机器设备数、原材料库存量都是时期指标。

三、判断题

（　　）1. 统计的基本研究方法主要有：大量观察法、综合指标法、推断分析法。

（　　）2. 平均指标是反映客观现象总体在一定时间、地点条件下的总规模、总水平的综合指标。

（　　）3. 某年度计划售水量比去年应提高10%，而实际比去年提高了12%，则计划完成程度为120%。

（　　）4. 任何一个统计指标都只能反映总体某一方面的特征，这就要求采用一套相互联系的统计指标，借以反映总体各个方面的特征以及事物发展的全过程，说明比较复杂的现象数量关系。这种由若干个相互联系的统计指标所组成的整体，叫作统计指标体系。

(　　) 5. 统计调查在统计工作过程中处于基础阶段，是统计工作能正确开展的前提和基础，也是决定整个统计工作质量的重要环节。只有通过调查取得合乎实际的原始资料，后期统计整理和分析结果才有可能得到反映客观实际的正确结论。

(　　) 6. 通过统计调查，取得统计所需要的原始数据后，需要对这些原始数据进行整理，这个过程就叫作统计整理。统计整理在统计调查与统计分析之间起着承前启后的作用，它是统计调查的继续，是统计分析的基础和前提条件。

(　　) 7. 结构相对指标即通常所说的“比重”，它是总体中的部分数值与总体全部数值对比的结果。成绩在 70～80 间的员工人数占总人数的 32.50%，这个数字就是结构相对指标。

(　　) 8. 指数通常是被研究现象两个时期数值比较的结果，一般用百分数表示。作为比较基础的分母称为计算期水平，也称为报告期水平。

(　　) 9. 用 I_p 表示质量指标指数；P_0 和 P_1 分别表示基期和报告期的质量指标值；Q_0 和 Q_1 分别表示基期和报告期的质量指标值，则帕氏质量指标指数表示为 $I_p=\frac{\Sigma Q_1 P_1}{\Sigma Q_0 P_1}$。

(　　)10. 拉氏指数在计算综合指数时将作为权数的同度量因素固定在基期。帕氏指数在计算综合指数时将作为权数的同度量因素固定在报告期。

四、简答题

1. 请简述统计调查的意义与基本要求。

2. 根据不同的调查对象和调查条件，在统计调查中搜集资料的方法也会不同，常见的资料搜集方法主要有哪几种？

3. 调查问卷必须要精心设计，通常要注意的事项有哪些？

4. 综合描述总体数量特征常用的指标有哪些，并举例说明。

第3章　会计学基础

一、单选题

1. 关于会计与会计法，正确的是(　　)。

A　以金额为计量单位

B　会计法以各种业务关系为调整对象

C　会计主体一般是个人

D　会计能够反映企业财务状况和经营成果

2. 下列说法错误的是(　　)。

A　会计学经过古代、近代发展到现代

B　会计法有广义和狭义之分

C　负债是由现在的交易或事项形成的

D　会计六要素包括：资产、负责、所有者权益、收入、费用、利润

3.《中华人民共和国会计法》的立法宗旨，不正确的是(　　)。

A　规范会计行为

B　保证会计资料真实、完整

C　维护社会主义市场经济秩序

D 加强经济管理和市场管理

4. 下列属于会计核算的基本前提的是(　　)。

A　会计主体

B　可中止经营

C　零基原则

D　实质重于形式原则

5. 下列属于流动资产的是(　　)。

A　厂房　B　现金　C　3年期债券　D　2年期应收账款

6. 关于会计信息的说法正确的是(　　)。

A　是企业从会计视角所揭示的经济活动情况

B　反映企业的管理情况

C　会计信息失真分为人为失真和系统失真

D　会计信息失真也能部分反映企业真实的运营情况

7. 关于会计科目的说法正确的是(　　)。

A　是对会计对象的分类

B　是对会计假设的分类

C　是对会计要素的分类

D 是对会计信息的分类

8. 账户分类的基础是(　　)。

A　按性质分类

B　按核算内容分类

C　按结构和用途分类

D　按经济内容分类

9. 下列说法正确的是(　　)。

A　损益类账户可分为营业损益类账户和非营业损益类账户

B　资产类账户可分为流动资产账户和固定资产账户

C　负债类账户可分为流动性负责账户和长期性负债账户

D　应付账款、应付票据、长期应付款都属于长期性负债账户

10. 下列说法正确的是(　　)。

A　会计计量是管理会计的核心

B　会计计量是财务会计的一个基本特征

C　财务会计信息是一种定性化信息

D　会计信息可以定量也可以定性

11. 下列不属于会计计量内容的是(　　)。

A　历史成本　　B　重置成本　　C　可变现净值　　D　暂估成本

12. 下列属于会计计量主要内容的是(　　)。

A　所有者权益　　B　企业股东情况　　C　企业信用评级　　D　企业运营状态

13. 下列不属于新准则下会计原则的是(　　)。

A　客观性原则　　B　重要性原则

C　配比原则　　D　实质重于形式原则

14. 资产按照购置时支付的现金或现金等价物计算，是属于(　　)。

A　公允价值　　B　历史成本　　C　重置成本　　D　可变现净值

15. 当交易或事项的外在法律形式并不总能真实反映其实质内容时，需要遵循的原则是(　　)。

A　可比性原则　　B　相关性原则

C　重要性原则　　D　实质重于形式原则

16. 下列说法正确的是(　　)。

A　会计信息与企业高层的决策密切相关

B　会计核算中最主要的是考虑效益问题

C　可比性原则既包括横向可比性也包括纵向可比性

D　重要性原则主要从“量”的方面分析

17. “企业会计核算应当及时、不得提前或延后”描述的是(　　)。

A　明晰性原则　　B　谨慎性原则　　C　及时性原则　　D　相关性原则

18. 当年企业收入100万元，费用65万元，所得税5万元，企业利润是(　　)。

A　30万元　　B　95万元　　C　40万元　　D　35万元

19. 当年企业收入120万元，费用80万元，所得税10万元，企业净利润是(　　)。

A　30万元　　B　50万元　　C　40万元　　D　110万元

20. 下列关于会计电算化描述错误的是(　　)。

A　是一个应用电子计算机实现的会计信息系统

B　广义上来讲是指以电子计算机为主体的信息技术在会计工作中的应用

C　是一个人机相结合的系统

D　核心部分是功能完善的会计软件资源

21. 下列属于现金使用范围的是(　　)。

A　需要支付货款18000元　　B　利用银行代发薪酬50000元

C　退用户水费2600元　　D　退用户水费500元

22. 下列属于票据结算范围的是(　　)。

A　银行汇票缴费　　B　移动客户端缴费

C　电子银行缴费

D　外地用户采用支票缴费

二、多选题

1. 形成负债的条件有(　　)。

A　是企业承担的现时义务

B　预期会导致经济利益流出

C　负债是由过去的事项形成的

D　未来流出的经济利益的金额不能可靠地计量

E　是企业承担的现时及未来义务

2. 关于资产描述正确的有(　　)。

A　是企业拥有或控制的能用货币计量的资源

B　由过去的事项或交易形成

C　可以可靠计量

D　分为流动资产和非流动资产

E　分为短期资产和固定资产

3. 关于所有者权益描述正确的有(　　)。

A　又称为股东权益

B　负债和所有者权益构成了企业资本的来源

C　是所有者对企业资产的剩余索取权

D　是所有者对企业资产的索取权

E　包含股本、资本公积等

4. 下列说法错误的有(　　)。

A　资产、负债侧重反映企业的财务状况

B　所有者权益侧重反映企业的经营成果

C　会计对象是会计基本理论研究的基石

D　会计要素是会计准则建设的核心

E　负债和利润构成了企业资本的来源

5. 下列属于费用的特征的有(　　)。

A　会导致所有者权益的减少

B　是企业在过去的经营中产生的

C　是向与所有者分配利润无关的经济利益的总流出

D　是为获得收入而付出的相应代价

E　是企业在日常活动中形成的

6. 下列属于会计科目设置原则的有(　　)。

A　全面性原则

B　实质重于形式原则

C　合法性原则

D　零基原则

E　相关性原则

7. 下列属于成本类科目的有(　　)。

A　银行存款

B　生产成本

C　劳务成本

D　制造费用

E　资本公积

8. 下列说法正确的有(　　)。

A　会计账户是根据会计科目设置的

B　会计科目是对会计对象的组成内容进行科学分类而规定的名称

C　会计账户是反映会计要素增减变动及其结果的工具

D　会计账户具有一定的格式和结构

E　会计账户是用来全面连续系统地记录经济业务的根据

9. 下列属于会计计量范围的有(　　)。

A　历史成本　　B　暂估成本

C　重置成本　　D　可变现净值

E　现值

10. 下列属于会计一般原则的有(　　)。

A　客观性原则　　B　配比原则

C　重要性原则　　D　实质重于形式原则

E　谨慎性原则

11. 下列关于属于谨慎性原则内容的有(　　)。

A　具有真实性和客观性两方面意义

B　应当从“质”和“量”两方面进行分析

C　也称为“保守主义”

D　企业需要充分估计风险和损失

E　以实际业务发生内容为依据，如实反映企业运营成果

12. 下列说法正确的有(　　)。

A　会计报表一般按月编制，年末编制年报

B　包括资产负债表、损益表和现金流量表

C　事业单位还要编制收入支出表、事业支出明细表和经营支出明细表

D　会计报表一般只对内报送

E　会计报表反映的是已发生的业务指标情况

三、判断题

(　　) 1. 现代会计学的主体包括企业、机关事业单位和其他非营利性组织。

(　　) 2.《中华人民共和国会计法》是广义的会计法。

(　　) 3. 资产预期可能会给企业带来经济利益，也可能带来经济损失。

(　　) 4. 负债是企业承担的现时义务。

(　　) 5. 会计科目的设置应当符合国家统一的会计制度的规定。

(　　) 6. 账户按经济内容分类的实质是按照会计对象的具体内容进行分类。

(　　) 7. 会计计量是财务会计的一个基本特征和核心内容。

(　　) 8. 会计电算化是一个人机相结合的系统，其核心部分是性能卓越的硬件设施。

(　　) 9. 短期账款是企业流动资产的审查重点。

(　　) 10. 现金结算起点为1000元。

四、简答题：

1. 请简述会计六要素及其性质。
2. 请列出会计科目设置的原则。
3. 请列出会计的一般原则。
4. 请概述会计电算化与传统手工会计的区别。
5. 请列举企业现金的使用范围。
6. 请概述支票及其在使用过程中的注意事项。

第4章　计算机与信息技术基础

一、单选题

1.（　　）体系结构是现代计算机的基础，现在大多计算机仍是冯·诺依曼计算机的组织结构或其改进体系。

A　冯·卡门　　B　哈佛结构　　C　图灵　　D　冯·诺依曼

2.（　　）工作在OSI体系结构中的网络层，它可以在多个网络上交换和路由数据包，其通过在相对独立的网络中交换具体协议的信息来实现这个目标。

A　中继器　　B　网桥　　C　路由器　　D　网关

3.（　　）是管理和控制计算机硬件与软件资源的计算机程序，是直接运行在“裸机”上的最基本的系统软件，任何其他软件都必须在其支持下才能运行。

A　服务端控制程序　　B　数据管理系统

C　应用程序　　D　操作系统

4. 以下Windows操作系统中，最新的是（　　）。

A　Windows 95　　B　Windows 7　　C　Windows 10　　D　Windows XP

5. 以下是“文件传输协议”的英文缩写的是（　　）。

A　COM　　B　DOM　　C　FTP　　D　TCP

6. 以下哪个是数据库数据查询语句中使用到的关键字（　　）。

A　Select　　B　Update　　C　Insert　　D　Delete

7. 日常工作中，使用最多的就是关系型数据库。关系型数据库是建立在（　　）基础上的数据库管理系统。

A　网络模型　　B　层次模型　　C　关系数据模型　　D　数据分析模型

8. 以下不属于操作系统的是（　　）。

A　MS-DOS　　B　Unix　　C　Windows　　D　Oracle

9. 下列应对网络攻击的建议中不正确的是（　　）。

A　尽量避免从Internet下载不知名的软件、游戏程序

B　不要随意打开来历不明的电子邮件及文件

C　保护自己的IP地址。有条件的话，最好设置代理服务器

D　无需及时下载安装系统补丁程序，以免对系统造成影响

10. SQL中的哪个关键字不会对表进行写操作（　　）。

A　SELECT　　B　DELETE　　C　UPDATE　　D　INSERT

11. 关系数据模型的创始人是（　　）。1970年，他在刊物《Communication of the ACM》上发表了一篇名为“A Relational Model of Data for Large Shared Data Banks”的论文，提出了关系模型的概念，奠定了关系模型的理论基础。

A　冯·卡门　　B　冯·诺依曼　　C　图灵　　D　E. F. Codd

12. 下列关于密码设置的说法中不正确的是(　　)。

A　使用生日作为密码，以防忘记，方便使用

B　密码设置尽可能使用字母数字混排

C　将各个应用程序的密码设置成不同的密码

D　重要密码最好经常更换

13. (　　)是网络环境中的高性能计算机，它监听网络上其他计算机（客户机）提交的服务请求，并提供相应的服务。其具备承担服务并且保障服务的能力。

A　中继器　　B　防火墙　　C　交换机　　D　服务器

14. (　　)确定分组从源端到目的端的路由选择。路由可以选用网络中固定的静态路由表，也可以在每一次会话时决定，还可以根据当前的网络负载状况，灵活地为每一个分组分别决定。

A　物理层　　B　网络层　　C　数据链路层　　D　应用层

15. (　　)是计算机的核心部件，其参数有主频、外频、倍频、缓存、前端总线频率、技术架构（包括多核心、多线程、指令集等)、工作电压等。

A　中央处理器　　B　显卡　　C　内存储器　　D　外存储器

16. 常见的多媒体设备属于冯·诺依曼体系的输入、输出设备。以下不属于输入、输出设备的是(　　)。

A　投影仪　　B　打印机　　C　传真机　　D　控制器

17. Office 办公软件，是哪一个公司开发的软件(　　)。

A　苹果　　B　Microsoft　　C　Adobe　　D　IBM

18. (　) 是保障内部网络安全的一道重要屏障。它的安全和稳定，直接关系到整个内部网络的安全。

A　中继器　　B　网桥　　C　路由器　　D　防火墙

19. 下列关于计算机病毒的叙述中，正确的是(　　)。

A　计算机病毒是一种生物体，很容易传播。

B　计算机病毒是一种人为编制的特殊程序，会使计算机系统不能正常运转。

C　计算机病毒只能破坏磁盘上的程序和数据。

D　计算机病毒只能破坏内存中的程序和数据。

20. (　　)是基于移动网络技术和物联网技术的移动业务平台，旨在利用智能手机丰富的系统控件、强大的多媒体及地理位置定位等一系列先进优势，通过网络实时传输数据，完成相关数据信息的收集、处理工作。

A　营业收费系统　　B　智能手机系统

C　远传水表管理系统　　D　管网表具综合管理系统

21. (　　)极大地完善了抄表质量控制体系，能够实现对抄表时间的准确掌控、对抄表字码及表位状况的照片采集，对抄表人员的工作定位；充分掌握其他外业工作人员的工作量、工作强度。该系统在提高工作效率，缩短水费收缴周期，减少内复、外复工作量等方面有着积极的作用。

A　营业收费系统　　B　智能手机系统

C　远传水表管理系统　　D　管网表具综合管理系统

22. 典型的营业收费系统三层架构可分为：客户端、中间层和服务端。服务端主要是用于(　　)。

A　运行应用程序　　B　运行数据库

C　提供连接支持及组件服务　　D　运行定制任务

二、多选题

1. 依照冯·诺依曼体系，计算机硬件由哪些部分组成(　　)。

A　控制器　　B　运算器

C　存储器　　D　输入设备

E　输出设备

2. 常见的两种计算机网络参考模型(　　)。

A　OSI　　B　TCP/IP

C　FTP　　D　NTFS

E　FAT

3. 以下属于计算机操作系统的是(　　)。

A　Windows 10　　B　Windows Server 2016

C　Linux　　D　MS SQL Server

E　Windows XP

4. 虽然网络类型的划分标准各种各样，但是从地理范围划分是一种大家都认可的通用网络划分标准。按这种标准可以把各种网络类型划分为以下三种(　　)。

A　光纤网　　B　局域网

C　城域网　　D　专线网

E　广域网

5. 以下属于数据库管理系统的是(　　)。

A　Oracle　　B　SPSS

C　MS SQL　　D　DB2

E　MYSQL

6. Oracle 使用的 SQL 语句主要可以分成以下哪几类(　　)。

A　数据查询语句　　B　数据操纵语句

C　数据的定义语言　　D　事务控制语句

E　数据控制语句

7. 外存储器又叫辅助存储器，存放在外存中的数据必须调入内存后才能运行。以下属于外部存储器的是(　　)。

A　硬盘　　B　软盘

C　光盘　　D　内存

8. ACID 是数据库事务正确执行的四个基本要素的缩写，这四个基本要素是(　　)。

A　原子性　　B　一致性

C　隔离性　　D　持久性

E 容错性

9. 数据库系统中，数据操纵语句中使用到的关键词有(　　)。

A Update　　B Insert

C Delete　　D Select

E Grant

10. 以下属于OSI参考模型的有(　　)。

A 物理层　　B 数据链路层

C 网络层　　D 传输层

E 会话层

11. 数据库系统中，用于事务控制语句的有(　　)。

A Select　　B Update

C Commit　　D Rollback

E Insert

12. 以下由微软公司（Microsoft）开发的操作系统的是(　　)。

A Windows XP　　B Windows 10

C DOS　　D Linux

E Excel

三、判断题

(　　) 1. 内存储器又称为主存储器，可以由CPU直接访问，优点是存取速度快，但存储容量小，主要用来存放系统正在处理的数据。

(　　) 2. Update命令用于删除表中的数据，如删除由系统异常或人为操作不当而重复上传的抄表记录。

(　　) 3. Access是类似于Word的文字处理软件。

(　　) 4. 硬盘读写速度依旧远远低于CPU的处理速度。内存的出现极大地缓解了两者的速度差距，电脑会将常用数据从硬盘存储至内存条，当使用该数据时，就可以直接读取内存中的信息，在多数情况下避免了硬盘的速度瓶颈。

(　　) 5. 外存储器又叫辅助存储器，如硬盘、软盘、光盘等。存放在外存中的数据必须调入内存后才能运行。外存存取速度慢，但存储容量大，主要用来存放暂时不用，但又需长期保存的程序或数据。

(　　) 6. 在TCP/IP参考模型中，传输层使源端和目的端机器上的对等实体可以进行会话。在这一层定义了两个端到端的协议：传输控制协议TCP和用户数据报协议UDP。

(　　) 7. 实施智能抄表工作，要求抄表人员熟练掌握智能手机的操作使用方法，了解手机系统的常用功能，严格遵守软件操作流程和管理制度。在使用过程中，进行使用体验反馈及需求功能等相关改善意见，通过不断努力逐步完善智能手机抄表系统，从而使抄表质量和服务质量得到显著提升。

(　　) 8. Excel是数据处理软件，不可将其当作数据库使用。

(　　) 9. Windows XP是第一个采用NT内核的Windows消费者版本，微软公司现仍对 Windows XP 系统提供官方服务支持。

（　　）10. Linux 支持多用户，各个用户对于自己的文件设备有自己特殊的权利，保证了各用户之间互不影响。多任务则是现在电脑最主要的一个特点，Linux 可以使多个程序同时并独立地运行。

四、简答题

1. 简述 OSI 参考模型。
2. 描述一个营业收费管理系统的典型应用架构。
3. 客户服务管理系统通常需要具备哪些功能?
4. 云计算的特点有哪些?
5. 云计算由哪六个部分组成?
6. 简述大数据与云计算之间的关系?

第5章　表具管理与应用

一、单选题

1. 水表作为一种计量仪表具有多重属性，最重要的性能是要满足(　　)方面的要求。

A　计量　　B　工业产品　　C　民用　　D　供水

2. 按照《中华人民共和国强制检定的工作计量器具检定管理办法》，水表出厂后进行检定，以下相关说法正确的是(　　)。

A　水表检定只是一个形式，无实质内容　　B　水表检定是为了做型号标识

C　水表检定目的是确保计量准确　　D　水表由供水企业自行检定

3. 供水企业表具管理中水表的档案资料不包括(　　)。

A　水表类型　　B　安装地址　　C　安装日期　　D　用水人

4. 因上次抄错（多抄）或暂收多，本次抄表发现水表字码小于上次字码时，此抄表类型为(　　)。

A　正常　　B　暂收　　C　保留　　D　零度

5. 进户表的抄表类型为“空房”，说明(　　)。

A　水表的抄见字码为零度　　B　用户不在家无法见表

C　水表故障失灵　　D　无法见表且该处用户没有用水

6. 用水人搬离用水点且在较长时间内不再用水，仍要保留账号时，可办理(　　)。

A　协助关阀　　B　报停拆表　　C　销户拆表　　D　置之不理

7. 对新建小区户表安装施工进行验收时，需进行放水试验，主要目的说法不妥的是(　　)。

A　核对是否存在资料差错的情况

B　便于检查是否存在倒表的情况

C　为了检查水表运行是否正常，水表是否存在故障

D　便于检查是否存内部漏水的情况

8. 供水企业表具管理一般不包括(　　)内容。

A　水表生产　　B　采购仓储　　C　水表使用　　D　报废处置

9. 以下不是水表首次检定中应检定项目的是(　　)。

A　外观检查　　B　密封性检查　　C　示值误差试验　　D　水表编号

10. 用户卫生间的马桶漏水的维修责任者是(　　)。

A　用水人　　B　供水企业　　C　产权单位　　D　物业公司

11. 下列表具管理相关描述错误的是(　　)。

A　表具的管理业务指的就是水表的管理

B　表具检定主体为计量部门

C　表具存储及发放主体为物资部门

D　表具管理需要供水企业计量部门、技术部门、工程部门、财务部门等紧密协作

12. 抄表时，遇用户提出需把水表位置迁移时，应告知用户至(　　)办理移表手续。

A　房管所　　B　城管部门　　C　供水企业　　D　物业公司

13. 水表在工业自动化仪表产品分类代号中用(　　)代号表示。

A　L　　B　LS　　C　VS　　D　LX

14. LXL-80 表示(　　)的水表。

A　80mm 水平螺翼式　　B　80mm 垂直螺翼式

C　80cm 水平螺翼式　　D　80cm 垂直螺翼式

15. 在额定工作条件下水表符合最大允许误差要求的最大流量是(　　)。

A　Q_1 最大流量　　B　Q_2 分界流量　　C　Q_3常用流量　　D　Q_4 过载流量

16. 要求水表在短时间内能符合最大允许误差要求，随后在额定工作条件下仍能保持计量特性的最大流量指的是(　　)。

A　Q_X复式水表转换流量　　B　Q_2分界流量

C　Q_3常用流量　　D　Q_4过载流量

17. 当水表常用流量 $Q_3 \leqslant 6.3m^3/h$，水表指示范围最小的是(　　)。

A　99999　　B　9999　　C　10000　　D　100000

18. 普通水表按计量元件的运动原理分类是(　　)。

A　容积式水表和速度式水表　　B　湿式水表、干式水表和液封水表

C　普通型水表和高压水表　　D　分流式水表、单式水表和复式水表

19. 垂直螺翼式水表的(　　)计量能力比水平螺翼式水表强。

A　大流量　　B　小流量　　C　瞬时流量　　D　过载流量

20. 以下以法兰与管道连接的是(　　)口径的水表。

A　DN15　　B　DN20　　C　DN40　　D　DN50

21. 公称直径换算：15mm=(　　)英寸。

A　1/8　　B　1/6　　C　1/4　　D　1/2

22. 居民住宅常用口径 15mm、20mm 水表常用流量一般不超过(　　)m^3/h。

A　5　　B　6　　C　10　　D　16

23. 口径为 DN20 的水表，最高计数水量量程是(　　)。

A　99999　　B　9999　　C　10000　　D　19999

24. 关于旋翼式水表，下列说法正确的是(　　)。

A　旋翼式水表的始动流量较低，因此小流计量特性好

B　旋翼式水表的始动流量较大，因此大流计量特性好

C　旋翼式水表量程比较大，因此应在大口径水表中广泛使用

D　旋翼式水表量程比较小，因此很少被使用

25. 多流束水表是我国使用最普遍的一种(　　)水表。

A　旋翼式　　B　螺翼式　　C　液封式　　D　干式

26. 容积式水表对比速度式水表的特点是(　　)。

A　结构简单、制造成本低、使用维修方便

B　结构简单、制造成本高、使用维修方便

C　结构简单、制造成本低、使用维修困难

D　结构复杂、制造成本低、使用维修困难

27. 目前在我国主要用于直饮水计量的是(　　)。

A　速度式水表　　B　容积式水表　　C　多流束水表　　D　单流束水表

28. 下列表述正确的是(　　)。

A　电子水表的特性流量一定比机械水表大

B　电子式水表灵敏度一定比机械水表好

C　电子水表抗干扰能力不如机械水表

D　电子水表使用寿命比机械水表短

29. 在我国市场上流通的带字轮式机构的机械水表，都采用字轮指针组合式计数。在度盘上(　　)的指示做成字轮。

A　$1m^3$ 以上　　B　$1m^3$ 以下　　C　$0.1m^3$ 以上　　D　$0.1m^3$ 以下

30. 以下不是水表类型划分依据的是(　　)。

A　测量原理　　B　水表体积　　C　水表形式　　D　水表口径

31. 我国普通水表与高压水表公称压力界限是(　　)。

A　1MPa　　B　10MPa　　C　0.1MPa　　D　100MPa

32. 以下用螺纹与管道连接的是(　　)口径的水表。

A　*DN*25　　B　*DN*50　　C　*DN*80　　D　*DN*100

33. 水表上没标注公称压力和使用温度要求，其公称压力和使用温度范围一般是(　　)。

A　1MPa；0.1～30℃　　B　1MPa；1～30℃

C　0.1MPa；0.1～30℃　　D　0.1MPa；1～30℃

34. 从水表的(　　)分类，电子式水表其计量元件无机械传动，通过电学变化原理转换成水流量，从而间接地记录出水量。

A　计量元件运动原理　　B　计量元件结构原理

C　计量指示形式　　D　计量用途

35. 干式水表与湿式水表相比，在冬季受冻后可以降低的风险是(　　)。

A　水表失灵　　B　水表走快　　C　水表走慢　　D　水表漏水

36. 数字水表中红色数字意思是(　　)。

A　整数位指示值　　B　小数位示值　　C　水量参考值　　D　瞬时流量

37. 旋翼式水表分为旋翼式单流束水表和旋翼式多流束水表，是根据流到内冲击叶轮的(　　)来分类。

A　水流大小　　B　水流快慢　　C　水流股数　　D　水流时间

38. 在选择合适的水表规格时，应先估算通常情况下所使用流量的大小和流量范围，然后选择(　　)最接近该值的那种规格的水表作为首选。

A　最小流量　　B　分界流量　　C　常用流量　　D　过载流量

39. 在选择合适的水表规格时，需考虑水表的流量范围、口径范围、安装环境、使用性质等多方面，参考连接水表管道规格尺寸按英寸来说，公称直径为 15mm 的规格是(　　)。

A　4分　　B　6分　　C　8分　　D　1寸

40. 与传统机械式水表相比，电子式水表使用中不容易发生的故障是(　　)。

A　传感器故障　　B　电池电量低

C　空管报警　　D　被水中杂质卡住

41. 以下类型的水表有两个指示装置的是(　　)。

A　旋翼式　　B　螺翼式　　C　液封式　　D　复式

42. 以下不可做水表外壳材质的是(　　)。

A　不锈钢　　B　黄铜　　C　球墨铸铁　　D　PVC

43. 以下有关电磁水表的说法错误的是(　　)。

A　电磁水表从外形结构看有分体和不分体两种

B　电磁水表价格较传统机械水表高，通常应用在大口径大用量的用水环境

C　电磁水表应用电磁感应原理，根据导电流体通过外加磁场时感生的电动势来测量导电流体流量

D　电磁水表可以不按水表检定规程要求到期检定

44. 下列不属于水表选型常用参数的是(　　)。

A　设计用水量　　B　水表量程比

C　最大和最小流量　　D　特性流量

45. 容积式水表安装在封闭管道中，是由一些被逐次充满和排放流体的已知容积的容室和凭借流体驱动的机构组成一种水表。以下不是容积式水表的是(　　)。

A　多流束式　　B　旋转活塞式

C　单缸往复活塞式　　D　圆盘式

46. 以下不属于按计数器的指示形式分类的水表类型是(　　)。

A　指针式　　B　单流束式

C　字轮指针组合式　　D　字轮式

47. 以下不属于按计数器的工作环境分类的水表类型是(　　)。

A　干式　　B　湿式　　C　液封式　　D　密闭式

48. 水表允许长时间使用的最大流量是(　　)(m^3/h)。

A　Q_4　　B　Q_3　　C　Q_2　　D　Q_1

49. 在一段周期的抄表过程中发现水量变大，水表走快，是因为水表在使用后由于环境及其他因素造成的，其中非水表自身原因的是(　　)。

A　水表不用自走　　B　有气和水压波动

C　滤水网孔严重堵塞　　D　叶轮盒进水孔表面结垢

50. 水表停走最常见的原因是(　　)。

A　被异物卡住　　B　叶轮变形

C　人为破坏　　D　叶轮折断

51. 水表字轮盒间隙过大，或指针孔过大，可能造成(　　)。

A　水表灵敏针停走　　B　水表乱跳字

C　水表指针停走　　D　水表字轮停走

52. 下图水表的读数是(　　)。

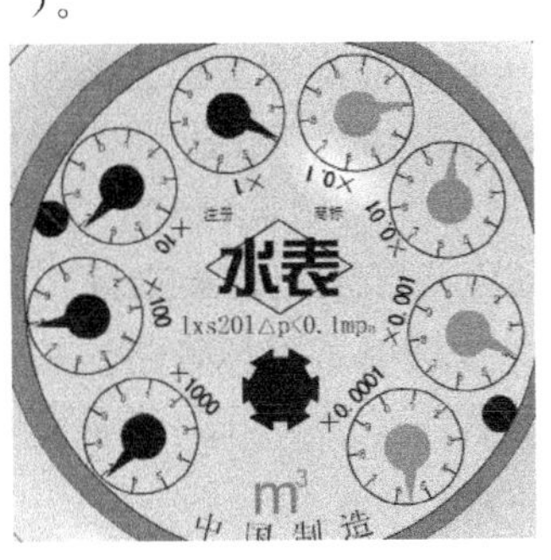

A　6764　　　B　6774　　　C　7774　　　D　7765

53. 常见水表表盘被烫坏的原因是(　　)。

A　用户用热水向水表浇烫　　　B　水表转速过快

C　被火烧坏　　　D　用户的热水器热水回流

54. 一般家庭用水一段时间后，发现水表表面发黄，判断该户使用的是(　　)水表。

A　干式　　　B　湿式　　　C　液封　　　D　热水

55. 以下只作首次强制检定，失准报废的是(　　)。

A　水表　　　B　燃气表　　　C　电表　　　D　(玻璃）体温计

56. 口径为 15～25mm 的水表强检周期是(　　)。

A　3 年　　　B　4 年　　　C　5 年　　　D　6 年

57. 贸易结算水表在首次使用前应实施强制(　　)。

A　抽检　　　B　报废　　　C　检定并合格　　　D　试用

58. 本次抄表时的水表字码小于上期的抄表字码，首先判断是否倒表，其次(　　)。

A　是否偷水　　　B　是否表坏　　　C　试水验证　　　D　换表验证

59. 抄表时，为判断水表是否失灵不走，应(　　)。

A　拆下水表送检　　　B　向用户求证

C　打开龙头试水　　　D　用手机拍下照片

60. 抄表人员抄完水表后应将(　　)盖好，以防止水表冻坏或影响交通安全。

A　水表表盖　　　B　表箱盖　　　C　阀门盖　　　D　窨井盖

61. 下图水表的读数是(　　)m^3。

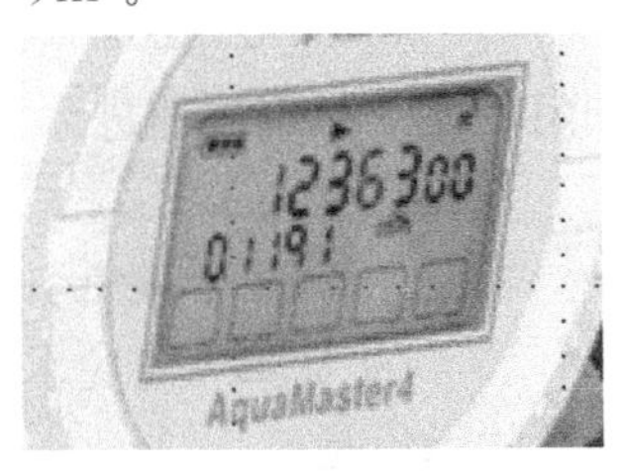

A　12363　　　B　12363.01191　　　C　12363.1191　　　D　12363.001191

62. 给水管道的附件包括龙头和(　　)。

A　三通　　　B　法兰　　　C　阀门　　　D　水表

63. 自来水管中的水流是(　　)。

A　无压流　　　B　重力流　　　C　有压流　　　D　非满管液流

64. 在水表安装设计时，除考虑流量计量因素外，还需保障供水管网的压力。用户在用水接管地点的地面上测出的测压管水柱高度常称为该用水点的自由水压，也称用水点的服务水头。通常我们说的10m水柱是(　　)MPa。

A　0.01　　B　0.1　　C　1　　D　10

65. (　　)超声流量计，能够完成固定和移动测量。采用专用耦合剂（室温固化的硅橡胶或高温长链聚合油脂）安装，安装时不损坏管路。

A　插入式　　B　管段式　　C　外夹式　　D　便携式

66. 水质化学指标不包括(　　)。

A　水中有机物　　B　pH值　　C　悬浮物　　D　硬度

67. 室外消火栓宜设在人行道、十字路口，消火栓的间距一般是(　　)m。

A　50　　B　100　　C　120　　D　150

68. 用户对水表计量准确性有疑问时，可以提出(　　)。

A　免费更换水表　　B　有偿更换水表

C　校验水表　　D　减免水费

69. 在抄表中保存抄见证据，建立抄表资料的重要内容之一是(　　)。

A　抄表登记　　B　用户签字　　C　影像拍照　　D　现场复查

70. 计量强制检定一般采取首次强制检定或周期检定两种形式，根据的是计量器具的结构特点和(　　)。

A　使用年限　　B　成本价格　　C　使用状况　　D　检定形式

71. 目前我国大多数的冷水水表的检定装置是(　　)。

A　容积式　　B　称量式　　C　标准表式　　D　活塞式

72. 表位的维护因现场环境变化多样，所以必须注重的是(　　)。

A　准确性　　B　及时性　　C　时效性　　D　规范性

73. 气温较低时，抄表时遇到由于温差较大造成水表起雾影响水表抄读时，下列不正确的措施是(　　)。

A　使用开水浇表壳一段时间　　B　用热毛巾敷在表壳上一段时间

C　拆下水表外壳抄读　　D　可更换液封式水表

74. 安装螺翼式水表，水表上游侧外阀应安装在直管段(　　)外。

A　10D　　B　5D　　C　20D　　D　3D

75. 水表安装后应缓慢开启阀门，让水流缓慢地进入总管，并打开放气口放气，以下不属于该操作原因的是(　　)。

A　避免水管内夹杂空气　　B　避免引起水表空转

C　避免冲坏水表　　D　避免水量计量不准确

76. 水表抄读时应注意不能漏抄的示值是(　　)。

A　灵敏针　　B　红色　　C　黑色　　D　黄色

77. 水表使用中应注意将水表盖盖好，避免出现度盘发黑的现象。为避免此现象，可以采取的措施是(　　)。

A　经常擦拭水表度盘　　B　打开水龙头冲洗

C　换装干式水表　　D　度盘贴膜

78. 抄表时，为判断水表是否故障不走，应采取的措施是(　　)。

A　拆下水表送检　　　　　　　　B　向用户求证

C　放水试水　　　　　　　　　　D　观察水表外观

79. 抄表时发现指针式水表的指针偏针，已影响到水表的正常抄读和水量结算时应采取的措施是(　　)。

A　更换水表　　　　　　　　　　B　拆表维修

C　水表校验　　　　　　　　　　D　打开表盘将指针拨正

80. 抄表时发现用户当期用水增量较多，可采取的服务措施是(　　)。

A　回去报告上级领导

B　现场与用户联系并书面告知情况，协助检查原因

C　按上期估收

D　更换水表

81. 水表安装前必须进行计量检验，但在使用中仍会有“走得快”的情况，不可能是(　　)。

A　水表超周期使用　　　　　　　B　有气和水压波动

C　表后有漏水　　　　　　　　　D　表壳裂缝

82. 水表在使用中非人为原因，当叶轮盒中有杂物、或上夹板变形、或顶尖严重磨损使机械阻力增大时，水表可能会是(　　)。

A　走慢　　　　B　走快　　　　C　停走　　　　D　跳字

83. 一只 *DN*25 的水表，千位针指向 8；百位针指向 9 和 0 之间；十位针指向 3；个位针指向 1 和 2 之间；该表正确读数是(　　)。

A　8931　　　　B　8921　　　　C　7931　　　　D　7921

84. 发现水表字码倒少时，首先判断的是(　　)。

A　表面是否清楚　　　　　　　　B　水表的进水方向改变

C　水表口径是否正常　　　　　　D　是否水回流

85. 某企业报修无水，不可能的情况是(　　)。

A　用户因欠费而被暂停供水　　　B　用户水表出现故障

C　此供水水厂停产　　　　　　　D　用户内部管道出现故障

86. 水质环境对水表的使用有一定的影响，以下不是水质化学指标(　　)。

A　水中有机物　　B　pH 值　　　C　悬浮物　　　D　硬度

87. 下面不属于进水原因造成用户用水不畅的原因是(　　)。

A　进水管积垢淤塞　　　　　　　B　泵站停产检修

C　水表滤污网淤塞　　　　　　　D　进水阀门损坏

88. 室外消火栓宜设在人行道、十字路口，消火栓的间距一般是(　　)m。

A　100　　　　B　120　　　　C　150　　　　D　50

89. 当按直接供水的建筑层数确定给水管网水压时，起用户接管处的最小服务水头，一层是 10m，二层为 12m，二层以上每增加一层增加(　　)m。

A　10　　　　B　12　　　　C　14　　　　D　4

90. 水表安装时，可采取措施使水表处于水平状态。如果上、下游管道扰动会影响水

表的准确度。以下不会影响水表的准确度的是(　　)。

A　直管段　　B　弯头　　C　阀门　　D　泵

91. 建筑高度不超过100m的建筑生活给水系统，宜采用(　　)分区并联的供水方式，建筑高度超过100m的建筑，宜采用(　　)串联的供水方式。

A　横向　　B　竖向　　C　向上　　D　向下

92. 以下有关表具及附属设施防冻保温说法，错误的是(　　)。

A　表具及附属设施的日常维护管养，务必保持水表箱门或盖板严密闭合

B　表后管与立管连接的转角处出现裸露、保温层脱离、水管扭曲等情况，应及时进行修补

C　冬季暴露在外面的管道和闸阀应用专业保暖材料包裹

D　南方温暖无需对表具及附属设施进行防冻保温

93. 以下不属于表位维护类型的是(　　)。

A　更换水表　　B　改造表箱　　C　清理表井　　D　移表

94. 以下有关抄表服务工作描述错误的是(　　)。

A　抄表工作时应携带工作证件　　B　抄表工作时应穿着工作服

C　抄表工作与用户无关，不用联系用户　　D　抄表工作时应提前准备好抄表工具

95. 以下有关水表选型描述错误的是(　　)。

A　水表的口径须与管道口径一致　　B　水表选型应考虑用水量需求

C　水表选型应考虑安装环境及用水性质　　D　水表选型应考虑价格成本

96. 可不停产安装和维护，不损坏管路的超声流量计类型是(　　)。

A　插入式　　B　管段式　　C　外夹式　　D　便携式

97. 防盗阀门通常安装在水表的(　　)。

A　进水口　　B　出水口

C　用户家中　　D　带锁的箱子内

98. 水表远传系统从工作原理分为两类是(　　)。

A　发讯式和直读式　　B　一体式和分体式

C　无线式和有线式　　D　一线制和分线制

99. 远传数据与基表不一致排除电源故障，常见原因是(　　)。

A　水表故障　　B　传感器故障　　C　水表漏水　　D　设备分离

100. 抄表管理中，发现远传数据与基表不一致的管理原因是(　　)。

A　水表故障　　B　抄见质量　　C　水表漏水　　D　传感器故障

101. 下列不属于违法用水的是(　　)。

A　用户私自换表　　B　用户私接

C　用户开水龙头滴水水表不转　　D　用户用水量较大造成水表故障

102. 以下不属于用水违章行为的是(　　)。

A　水表玻璃裂　　B　水表被盗

C　私接用水　　D　损坏水表铅封

103. 以下不是偷盗水行为对居民的影响的是(　　)。

A　水压降低　　B　水流减小

C　损漏率增高　　D　影响高峰时段正常用水

二、多选题

1. 新装水表验收时需检查水表是否符合规范，主要检查项目有（　　）。

A　是否符合计量规范的要求　　B　水表安装是否便于抄见

C　是否便于维修更换　　D　是否利于催缴水费

E　是否离用水点较远

2. 螺翼式水表按计数器的形式可分为（　　）。

A　干式　　B　湿式

C　液封　　D　热水

E　冷水

3. 指针式水表较早应用于水表示值，其优点有（　　）。

A　结构简单　　B　制造成本低

C　直观性强　　D　抄读方便

E　计数准确

4. 居民用水过户需要带（　　）至供水企业办理。

A　身份证　　B　户口本

C　驾驶证　　D　社保卡

E　房产证

5. 进行新建小区户表验收时，需进行试水验收，主要目的是（　　）。

A　核对是否存在资料差错的情况　　B　检查是否存在倒表的情况

C　检查是否存在内部漏水的情况　　D　检查水表是否存在漏装的情况

E　检查水表是否存在故障

6. 水表的抄见是保障（　　）的基础，是供水企业在城市供用水管理的重点工作之一。

A　水量发行　　B　供水质量

C　供水服务　　D　水费计费

E　账款回收

7. 水表出厂检定合格的表具要贴有合格标志，标志包含的内容有（　　）。

A　合格证编号　　B　检定日期

C　出厂日期　　D　有效期

E　检定员编号

8. 仓库存放水表应注意的有（　　）。

A　保持清洁　　B　摆放整齐

C　环境干燥　　D　宽敞明亮

E　堆码适当

9. 水表发放时应注意的有（　　）。

A　先进先出　　B　轻拿轻放

C　发放登记　　D　摆放整齐

E　不得堆码

10. 水表发放时应登记的内容有（　　）。

A　水表的类型　　B　水表的规格

C　发放的数量　　D　水表编号

E　领用人

11. 水表安装完毕后应记录的资料信息有（　　）。

A　水表的安装地址　　B　用水人的名称

C　水表的安装时间　　D　水表的口径

E　水表的类型

12. 以下属于水表资料档案的有（　　）。

A　水表编号　　B　水表型号

C　水表安装日期　　D　水安装地址

E　水表安装位置

13. 电子式水表使用中容易发生的故障有（　　）。

A　传感器故障　　B　电池电量低

C　空管报警　　D　水表不计数

E　显示负流量

14. 常用螺翼式水表有两种类型（　　）。

A　水平　　B　垂直

C　交叉　　D　横贯

E　平行

15. 在水表的铭牌中，必须标明的信息有（　　）。

A　计量单位　　B　Q_3 值，Q_3/Q_1 比值

C　制造年月和编号　　D　制造计量器具许可证标志和编号

E　制造计量器具许可证编号

16. 与螺翼式水表相比，旋翼式水表的主要优点有（　　）。

A　重量轻　　B　始动流量低

C　量程较宽　　D　故障率较低

E　小流量准确率高

17. 带电子装置水表的基本电源有（　　），几种电源可独立使用也可以组合使用。

A　外部电源　　B　内部电源

C　不可更换电池　　D　可更换电池

E　离子电源

18. 接水挂表施工时应注意避免地下的管线类型主要有（　　）。

A　给水管　　B　无水水管

C　电力管线　　D　燃气管线

E　通信管线

19. 关于电磁水表的安装，下列说法正确的有（　　）。

A　电磁水表必须竖直安装，禁止将传感器倾斜

B　电磁水表可以安装在垂直或者倾斜的管道上

C　电磁水表禁止直接安装在登高上

D　电磁水表的接地线棒安装时需插入地下 2m

E　禁止在电磁水表前后安装伸缩节

20. 用户反映当期水费水量突增，一般原因有(　　)。

A　内部漏水　　　　B　水表空转

C　违章偷水　　　　D　用水人口增多

E　水表抄错

21. 关于水表安装的计量要求，下列表述正确的有(　　)。

A　水表安装前，应对给水总管进行冲洗（如有垃圾过滤器，也应对垃圾过滤器加以清洗）

B　水表安装位置应选择在受背压的地方，防止敞口排放造成机械水表损坏

C　无论机械水表还是电子水表的安装，都需满足上、下游侧的直管段长度要求

D　水表的上游侧和下游侧应满足前 10D 后 5D（D 表示管段直径）的直管段长度要求

E　截止阀必须安装在上游侧 10D 前或下游侧 5D 后

22. 水表防护应考虑的因素有(　　)。

A　冲击或振动影响　　　　B　水表井积水和雨水渗入

C　外界环境的腐蚀性　　　　D　水锤等不利的水利条件

E　抄见及维修的便利性

23. 选择水表规格时，一般需要考虑的有(　　)。

A　水表量程比　　　　B　水表使用寿命

C　水表价格　　　　D　管道通水流量

E　抄见及维修的便利性

24. 选用电磁水表主要认同它比传统机械水表的优点有(　　)。

A　无压力损失　　　　B　常用流量大

C　体积小重量轻　　　　D　无机械故障

E　价格便宜

25. 超声流量计和电磁流量计一样，均属于无阻碍流量计，特别应用在大口径流量测量方面，尤其是能测量(　　)介质。

A　强腐蚀性　　　　B　非导电性

C　放射性　　　　D　易燃性

E　易爆性

26. 按实际应用的需要分类常见超声流量计有(　　)几类。

A　插入式　　　　B　管段式

C　外夹式　　　　D　便携式

E　固定式

27. 在正常用水时，会观察到，有的时候水表走得快，有的时候走得慢，造成这种现象的原因有(　　)。

A　水表质量问题　　　　B　水质问题

C　水表使用周期　　D　放水的大小

E　水表私接

28. 常见水表故障的类型有(　　)。

A　水表失灵不走　　B　水表指针脱落

C　水表上壳漏水　　D　水表表面不明

E　水表私接

29. 抄表时发现水表或水量异常时应进行(　　)。

A　故障表判断　　B　违章用水判断

C　内部漏水或空转判断　　D　资料差错判断

E　水表更换

30. 根据强制检定的工作计量器具的结构特点和使用状况，强制检定一般采取的两种形式有(　　)。

A　强制检定　　B　到期轮换

C　限期使用　　D　失准报废

E　周期检定

31. 水表检定装置可分为(　　)。

A　容积式　　B　速度式

C　称量式　　D　标准式

E　活塞式

32. 水表度盘发黑的原因有(　　)。

A　水表质量差　　B　表盖没盖好

C　阳光照射　　D　水质问题

E　安装环境差

33. 某单位有两只水表供水，口径分别是 $DN100$ 和 $DN40$，户内管道连通，正常用水时，其中一只水表会发生(　　)。

A　停走　　B　倒走

C　来回走　　D　正常运行

E　无法判断

34. 常见表具维护内容有(　　)。

A　巡检维护　　B　防冻维护

C　资料维护　　D　换表

E　表位维护

35. 居民生活计量常用水表口径有(　　)。

A　15mm　　B　20mm

C　80mm　　D　100mm

E　300mm

36. 以下常用计量器具只做首次强制检定的有（　　）。

A　(玻璃）体温计　　B　液体量提

C　竹木直尺　　D　燃气表

E　水表

37. 水表更换时应记录的信息有(　　)。

A　换表时间　　B　水表读数

C　水表编号　　D　换表地址

E　水表口径

38. 表位维护工程查看人对项目全程负责，应承担的责任有(　　)。

A　施工监管　　B　用户投诉

C　工程验收　　D　项目结算

E　查勘结果

39. 日常表位维护现场查勘工作的有(　　)。

A　安全隐患　　B　防冻隐患

C　见表难度　　D　需维护原因

E　查看的结果

40. 表具的管理业务与供水企业多个部门紧密相关，主要有(　　)。

A　计量部门　　B　技术部门

C　工程部门　　D　财务部门

E　营收部门

41. 造成用户用水不畅的原因可能有(　　)。

A　供水方面，如水厂或泵站因故障而降压等

B　进水方面，如进水管漏水（包括明漏和暗漏）等

C　用水方面，如内部阀门损坏，用水管道年久积垢塞淤等

D　计的影响，如太阳能用水，直供水、加压水分区不合理

E　管道及表口径的影响，如指管道、表的口径偏小

42. 水表被淹埋的定位查找方法有(　　)。

A　以市政消火栓 T 口阀门为参照点　　B　结合管线的标识确定 T 口位置

C　通过水表前阀门及水表井确定　　D　通过 GPS 的位置数据确定准确位置

E　通过抄表员记忆的位置开挖

43. 下列造成远传系统数据与基表示数不一致的原因有(　　)。

A　传感器故障　　B　参数设置错误

C　现场电磁干扰　　D　用户不用水

E　通信中断

44. 直读式水表远传系统可细分的类型有(　　)。

A　光电式　　B　触点式

C　摄像式　　D　计数式

E　电阻式

45. 远传水表满足国家标准，远传水表的(　　)等均与普通水表相差不大。

A　计量性能　　B　电子元件质量

C　耐压性能　　D　制造工艺

E　压力损失

46. 以下是远传抄表系统中无线网络信道的有(　　)。
A　RS485 总线　　B　M-BUS 总线
C　GPRS　　D　4G
E　NB-IoT

47. 水表远传系统常见信号中断问题的原因有(　　)。
A　设备丢失　　B　设备损坏
C　设备故障　　D　设备分离
E　水表损坏

48. 水表远传系统的分类方式主要有(　　)。
A　工作原理　　B　线路布线方式
C　形体结构　　D　安装形式
E　使用寿命

49. 影响远传水表涉及远传功能的使用寿命的有(　　)。
A　电子元件的质量　　B　机械磨损
C　制造工艺　　D　压力损失
E　耐压性能

50. 在足不出户情况下，我们通过水表远传系统可以知道的信息有(　　)。
A　累计用水量　　B　一段时间内的瞬时用水情况
C　异常报警　　D　用水性质
E　水质信息

51. 表具类违章用水一般包括(　　)。
A　改动水表指针或改变水表计量结构
B　人为损坏水表
C　私自拆卸水表或换装分表
D　倒装水表
E　私改表位

52. 关于用户私自在水表后加泵抽水的行为，下列说法正确的有(　　)。
A　会使水表流速过大瞬时超过水表的最大流量而损坏水表，影响正确计量
B　会使主供水管道压力变低，影响其他用户用水
C　会造成供水管网爆管
D　会造成水表空转现象
E　会使供水水质变差

三、判断题

(　　) 1. 任何单位和个人不得违反规定制造、销售和进口非法定计量单位的计量器具。

(　　) 2. 水表的发放应本着“先进先出”的原则，搬运过程中做到轻拿轻放。

(　　) 3. 水表安装前，安装人员必须检查水表的完整性。

(　　) 4. 水表只能水平安装。

（　　）5. 水表的维护专门针对水表质量问题。

（　　）6. 水表的销户就是指报停拆表。

（　　）7. 供水企业自行计划的检修、维修及新管并网作业施工造成降压、停水的，不用提前告知用水人。

（　　）8. 抄表时，判断水表是否倒装最好的办法是根据阀门安装位置进行判断。

（　　）9. 如果考虑为未来的通水能力留有余量，口径为200mm的管道，可选用安装口径150mm的水表，等将来流量增大为200mm管道的正常流量时，再换同口径水表。

（　　）10. 水表的计量是保障水量发行、水费计费和账款回收的基础，是供水企业在城市供用水管理的重点工作之一。

（　　）11. 水表出厂检定不合格的表具，贴有不合格标志，不能投入使用，不用单独放置。

（　　）12. 对于资料齐全、表位、管线合格的通水工程，根据供水企业的验收规定，完成验收、审核及资料移交工作。

（　　）13. 用水人不用水时通常建议自行关闭表后阀门或由供水人协助关闭表前阀；或者申请暂时拆除水表保留用水账号。

（　　）14. 通常说的“报停拆表”和“销户拆表”的根本区别在于是否保留用水账户。

（　　）15. 水表进水管的阀门应开足，用户控制水量可调节出水阀，反之则影响正常进水，导致水表速率不准。

（　　）16. 水表安装需满足上、下游侧的直管段长度要求，截止阀必须安装在上游侧 $10D$ 前。

（　　）17. 弯头、T形接头、阀或泵等管件及其所处的位置会引起上、下游扰动，影响非容积式水表的精确度。

（　　）18. 电磁水表采用的是数字式指示装置。

（　　）19. 螺翼式水表是速度式水表的一种，适合在大口径管路中使用。

（　　）20. 水表如果出现指针偏针，不用申报故障水表更换，可以计数就行。

（　　）21. 机械水表灵敏针出现打顿现象一般不会影响水表正确计量。

（　　）22. 度盘表面发黑或出现青苔是由于管道内存在大量污染造成。

（　　）23. 水表应安装在便于检修和读数，不宜暴晒、冻结、污染和机械损坏的地方。

（　　）24. 水表阀门是用来开闭管路、控制流向、调节和控制输送介质的参数（温度、压力和流量）的附件。

（　　）25. 从水表的计量结构分来看，旋翼式水表和螺翼式水表均属于容积式水表。

（　　）26. 环境中磁场的扰动会造成电磁水表计量误差。

（　　）27. 多流束水表比单流束水表的灵敏性能好，在极小流量时也能计量。

（　　）28. 旋翼式水表，按照流经水表的水流在推动水表叶轮转动时，分成一股或几股流束冲向叶轮，即分为单流束和多流束两类。

（　　）29. 为使水表能长期正常工作，水表内应始终充满水，如果存在空气进入水表的风险，应在上游安装减压阀。

（　　）30. 电磁流量计应用电磁感应原理，根据导电流体通过外加磁场时感生的电动势来测量导电流体流量。

（　　）31. 电磁流量计只能测量导电液体流量，而气体、油类和绝大多数有机物液体不在一般导电液体之例。

（　　）32. 速度式水表根据安装方向分为水平安装和立式安装，容积式水表均要水平安装。

（　　）33. 超声水表流量检测的原理是利用超声波换能器产生超声波并使其在水中传播；超声波在流动的水中传播时产生“传播速度差”，该速度流量差与水的流速成反比。

（　　）34. 水表口径的选择除了考虑设计月用水量以外，还需要兼顾考虑水表前后涉及的管道口径，原则上水表的口径比管道的口径小一挡为优选。

（　　）35. 民用水表只是指用于住宅用水结算的水表。

（　　）36. 机械水表灵敏针出现打顿现象一般不会影响水表正确计量。

（　　）37. 地下水管发生水锤现象可造成水表计量不准。

（　　）38. 水平螺翼式水表属于容积式水表。

（　　）39. 水表的指示装置应连续、定期或按要求显示体积。示值应可随时读出。

（　　）40. 旋翼式水表指由围绕垂直于流动轴线旋转的直板形叶轮转子构成的一种速度式水表。

（　　）41. 传统机械水表的优点是结构简单、成本低，对表位的要求不高。

（　　）42. 水表按计数器的工作环境分类，液封水表是湿式水表的一种。

（　　）43. 冬季当水表、水龙头被冻住后，切忌直接烘烤或用开水急烫，造成管道或水表爆裂引发次生危害。

（　　）44. 南北方在防冻保温上的差异是气候原因造成的。

（　　）45. 供水客户服务员的抄表工作伴随传输技术的进步有了充分的发展，从过去劳动密集型的简单抄读水表，想能够针对性地查询、分析、校核、反馈并适当地排除一些系统故障的轻技术岗位转变，即从“抄表”向“核表”转变。

（　　）46. 水表安装组件必须包括水表、阀门、水表箱。

（　　）47. 用水量均匀的生活给水系统的水表应以给水设计流量选定水表的过载流量。

（　　）48. 水表移装、扩径、拆表，必须由外部（用户）申请，并进行现场查勘后组织施工。

（　　）49. 根据用户申请拆除水表时应记录拆除水表的编号（表号）、表径、安装地址、拆表日期等。

（　　）50. 使用抄读器（抄表设备）进行抄表工作的，抄表员在抄表前必须核对校准抄表器（抄表设备）系统日期和时间。

（　　）51. 水表远传系统是远传水表、电子采集发讯模块的总称，电子模块完成信号采集、数据处理、存储并将数据通过通信线路上传。

（　　）52. 一线制水表远传系统与分线制相比布线简单、施工方便，系统整体可靠性好。

（　　）53. 远传水表的计量性能、耐压性能、压力损失等较远传水表要好。

（　　）54. 一体式远传水表的水表部分和电子元器件集成为一体，电子元器件使用寿命较水表使用周期长，往往造成电子部分的浪费，且一体化的维护成本较高。

（　　）55. 分线制水表远传系统因发生损坏时只需要维修对应线路上的问题，故返修成本和难度相对较低。

（　　）56. 远传抄表系统中信道式信号传输的媒介和各种信号变换、耦合装置，专指远程信道。

（　　）57. 水表远传系统中远传数据与基表不一致一定是因为传感器故障。

（　　）58. 违章行为的发生一般均是以非法占有为目的，大部分破坏供用水设施的行为都是用来盗用城市公共供水的手段。

（　　）59. 偷盗水行为严重扰乱了城市供水正常的生产经营秩序，危害了城市公共基础设施安全，造成国家水资源的损失。

四、简答题

1. 接水安装水表后应由资料员核对竣工档案，核对无误后建立用户档案。档案内容一般包括哪些？（至少写出 5 项）

2. 在水表使用中发现不用水自走的现象，排除水表故障后可能产生该现象的原因及处理方法有哪些？

3. 传统机械水表的结构及工作原理是什么？

4. 速度式水表与容积式水表计量原理是什么，各自常见形式有哪些（各写出 2 种）？

5. 请描述水表使用中常见的问题，并列举原因及处理方法。（写出 3 种）

6. 请说明水表流量 Q_1、Q_2、Q_3、Q_4 的含义。

7. 请简要说明当水表计量非正常用水时水量突增的原因及处理方法。

8. 常用的表具及附属设施防冻保温的方式有哪些？

9. 表具维护是供水企业在城市供用水管理的重点工作之一，除了水表本身的特点和质量外，请说出一般维护内容。

10. 简述水表远传系统的主要类型。

11. 简述水表远传系统安装注意事项。

12. 远传水表抄见管理的主要内容有哪些？

13. 对于擅自在城市供水管道上偷盗水的应根据口径、流量、盗水时间计算出发水量。计算标准是什么？

14. 供水企业生产运营及日常管理中常见的违章类型有哪些？

15. 请从供水企业和居民用水两方面简要说明盗用城市公共供水的危害？

第6章 客户服务管理

一、单选题

1. 抄表员抄表时发现表箱内水表被清水淹没时，首先必须(　　)。

A 上报清理表位　　B 原地等待水干

C 努力清出，见表抄见　　D 不用抄表，按零度估收即可

2. 用户反映家中水表空转应如何处理(　　)。

A 安排抄表员或复核人员上门检查　　B 让用户自己回家再观察

C 请计量监督部门上门检查　　D 请水表生产商上门处理

3. 抄表员的岗位职责中要求：抄表员要做好水表的抄读和水量发行，不断提高(　　)。

A 服务的标准　　B 自我素质水平

C 抄见率和准确率　　D 自我防范意识

4. 催收员岗位最重要的职责是(　　)。

A 抄好每一只水表　　B 催收每一笔欠费

C 接待每一个客户　　D 做好提醒工作

5. 下列不属于外复员岗位职责是(　　)。

A 对抄表员的抄读准确性进行复核　　B 对抄表员上报的故障水表进行确认

C 对上报的违章用水进一步查处　　D 对未回收水费进行减免

6. 下列不属于供水营业厅的工作人员职责的是(　　)。

A 解答用户咨询　　B 引导用户办理业务

C 催促用户尽快缴纳水费　　D 受理过户等窗口业务

7. 抄表时，发现表箱损坏应(　　)。

A 请用户维修　　B 上报抄表单维修更换

C 报警处理　　D 想办法自行维修

8. 下列表位，可以填抄表单申报移表的是(　　)。

A 抄表时，表位被车压了

B 抄表时，表位被用户杂物盖住了

C 水表因欠费停水被拆了

D 水表表位与化粪池连通了，造成表位不良

9. 发现水表倒走时，应首先判断水表(　　)。

A 是否失灵　　B 是否倒装

C 是否水回流　　D 是否偷水

10. 抄表时发现水表倒装，应如何处理(　　)。

A 换一只新表　　B 原表倒过来装回去
C 把指针拨回到零　　D 倒抄倒结

11. 抄表时发现水表故障，应进行上报更换，如果非用户原因造成，则(　　)更换。
A 不需　　B 延期　　C 免费　　D 由用户付费

12. 抄表时，应核对用户用水性质与抄表资料是否相符，如果不符，需(　　)。
A 上报调整用水价格　　B 上报违法用水
C 上报拆表停水　　D 补收罚款

13. 下列哪种行为不属于违法用水(　　)。
A 用户私自换表　　B 欠费停水后私接
C 用户开水龙头滴水水表不转　　D 用户用水量较大造成水表故障

14. 抄表员必须遵守服务承诺，(　　)抄表，不能延误和提前。
A 用户要求时间　　B 自己安排的时间
C 按预约约定时间　　D 按公司规定时间

15. 用户对水表计量准确性有疑问时，可以提出(　　)。
A 免费更换水表　　B 有偿更换水表
C 校验水表　　D 减免水费

16. 按用户用水性质，供水企业用户可分为居民生活用水户、非居民生活用水户和(　　)。
A 特种用水户　　B 高端用户　　C 重点用户　　D 一般用户

17. 关于居民生活用水类别，下列说法正确的是(　　)。
A 水表口径小于 $DN25$ 的都是居民生活用水
B 月用水量小于 $20m^3$ 的都是居民生活用水
C 居民小区内的用水户都是居民生活用水
D 居民住宅用于经营性质的不属于居民生活用水户

18. 关于建筑施工用水，下列说法正确的是(　　)。
A 建筑施工用水有季节性规律
B 建筑施工用水价高量大应纳入重点用水户管理
C 建筑施工用水如果用量较小，可以纳入居民户管理
D 建筑施工用水如果量高，则要加收阶梯价格

19. 抄表员上门抄表时应(　　)。
A 着工作服挂工作牌　　B 自行安排时间
C 两人一组共同完成　　D 保持清洁戴口罩

20. 抄表时遇水量突增突减时要查明原因，下列不属于量少原因的有(　　)。
A 用水性质变化　　B 天气气候变化
C 抄表周期突然变化　　D 估表时估多了

21. 某大学8月份的用水量环比减少50%，最可能的原因是(　　)。
A 内漏修好　　B 节约用水　　C 学校放假　　D 偷盗用水

22. 张某租用陈某的居民住宅开了一家餐馆，此户用水户属于(　　)。
A 居民生活用水户　　B 非居民生活用水户

C　特种用水户　　　　　　　　　　D　居民与非居民混合用水户

23. 关于居民生活用水，下列说法正确的是(　　)。

A　居民生活用水实行阶梯用水价格是为了使用户节约用水

B　居民生活用水实行抄表到户是为了更好地做好民生服务工作

C　居民生活用水是构成企业销售收入的重要部分

D　居民生活用水应统一使用口径为 *DN*15 的水表计量

24. 抄表册的划分要以(　　)为单位。

A　区域　　　　B　班组　　　　C　抄表员　　　　D　用户

25. 抄表员在抄表线路上发现路面积水，应如何处理(　　)。

A　抄表结束后，回单位向领导反映

B　先观察积水是下水还是清水，如是清水，确定附近有无供水管道，及时通知供水服务热线

C　立即通知管网维修部门检查维修

D　路面有无积水，与抄表员无关，各部门各司其职，抄表员的职责是抄好水表

26. 在进行抄表册的编号时，"区"表示该表所在的行政区，而"字"则通常用于表示(　　)。

A　某水厂的供水范围　　　　　　B　某一类型的水表

C　同一口径的水表　　　　　　　D　同一职业的水表

27. 抄表日程表的编排应以(　　)为依据。

A　客户需求　　　　　　　　　　B　市场导向

C　供水区域管辖范围　　　　　　D　抄表员的数量和能力

28. 未经供水企业审批或同意，下列哪项行为属于窃水行为(　　)。

A　私自拆、改、移公共供水设施　B　饭店停业装修

C　私自从水表后接管　　　　　　D　私自启用消火栓救火

29. 上门抄表、复查、催欠时必须按企业对外服务的规定有(　　)。

A　着工作服、挂工作牌　　　　　B　私自帮助用户接水

C　酒后抄表服务　　　　　　　　D　按规定录音

30. 上门抄表、复查、催欠及处理投诉时，应使用文明礼貌用语，绝不允许与用户发生(　　)。

A　相互留联系信息　　　　　　　B　语言和肢体冲突

C　协商　　　　　　　　　　　　D　致谢

31. 一只 *DN*25 的水表，千位针指向 8；百位针指向 9 和 0 之间；十位针指向 3；个位针指向 1 和 2 之间；该表正确读数为(　　)。

A　8931　　　　B　8921　　　　C　7931　　　　D　7921

32. 2020 年 7 月 17 日到 2020 年 8 月 10 日之间共有(　　)天。

A　22　　　　B　23　　　　C　24　　　　D　25

33. 某用户 18 天用水量 306t，每天用水(　　)t。

A　5508　　　　B　17　　　　C　324　　　　D　288

34. 一户 3 口之家居民在 60 天中产生了 $67m^3$ 的水量，第一阶梯水价 5t/(人・月)，

单价 3.1 元/t，第二阶梯 7t/(人·月)，单价 3.81 元/t，第三阶梯单价 4.52 元/t，该户应该缴纳多少钱的水费(　　)。

A　207.7 元　　B　302.84 元　　C　231.84 元　　D　226.87 元

35. 故障表换表后的水量计算，(　　)是准确计费开账的关键。

A　新表抄读水量　　B　新表用水天数

C　需估计的天数　　D　故障换表原因

36. 抄表时，可以见到水表进行准确抄见，且无任何异常时，此抄表发行类型为(　　)。

A　“正常”　　B　“发行”　　C　“结度”　　D　“正确”

37. 某水表 7 月 10 日抄见字码 5053，7 月 22 日周期换表结度字码 5101，9 月 10 日抄见字码为 0216，9 月份发行水量为(　　)t。

A　48　　B　216　　C　264　　D　267

38. 因上次抄错（多抄）或暂收多，本次见到水表后发现字码少于上期字码时，此发行类型为(　　)。

A　零度　　B　照结　　C　无人暂收　　D　保留

39. 上次底数 0254，本次抄见 0235，表位良好的情况下，下列说法正确的是(　　)。

A　抄见 0235，发行 0 度，发行类型：正常

B　抄见 0254，发行 0 度，发行类型：正常

C　抄见 0235，发行 0 度，发行类型：保留

D　抄见 0235，发行 19 度，发行见表类型：正常

40. 某用水人口为 4 人的居民用户 2020 年 4 月 12 日第一次抄见字码 0425，6 月 25 日抄见的字码为 0467，该户 6 月份应缴纳水费(　　)。(不含垃圾处理费，到户单价为 3.1 元/t)。

A　130.2 元　　B　131.62 元　　C　134.4 元　　D　136.02 元

41. 某户表用户在某供水公司登记的常住人口为 6 人，核定每人每月第一阶梯水量为 5t，超出为第二阶梯。2012 年 4 月份抄表结度水量为 80t/两月，其应交水费为(　　)。(单价：第一阶梯 3.1 元/t，第二阶梯 3.81 元/t，第三阶梯 4.52 元/t)

A　236.4 元　　B　224 元　　C　278.56 元　　D　262.2 元

42. 公交公司的公交站场用水，其水价应为(　　)。

A　一类（非居民）　　B　二类（行政事业）

C　三类（工商业）　　D　四类（特种）

43. 幼儿园用水属于(　　)用水。

A　一类（非居民）　　B　二类（行政事业）

C　三类（工商业）　　D　四类（特种）

44. 水费违约金最大金额不超过(　　)。

A　纯水费　　B　水资源费　　C　税金　　D　水费本金

45. 阶梯水价规定，基础用水量一般是指一个(　　)所使用的水量。

A　3 口之家一个月或一年

B　不限人口数，以家庭为单位的月用量

C　一个总表范围内，不限家庭数的月用量

D　一个星期 3 口之家在无论多长的抄表周期内的用量

46. 阶梯水价一般适用(　　)类的用户。

A　一类居民用水　　B　一户一表居民用水

C　全部居民用水　　D　总表供水的居民用水

47. 新装接水户第一次抄表结算时，通常(　　)。

A　可以按天或按年计算阶梯　　B　不可以收取阶梯水价

C　可收可不收阶梯　　D　加倍收取

48. 阶梯水价的适用职业是(　　)。

A　居民生活用水　　B　商业用水

C　工业用水　　D　施工用水

49. 某幢商住楼是 *DN*50 总表供水，其有居民 60 户生活用水量占 60%，其他经营服务占 40%，两个月抄收一次，2020 年 8 月抄表时结度水量为 840t，此用户 8 月应缴水费为(　　)(不含代收垃圾费；居民水费单价为第一阶梯 2.8 元/t，第二阶梯 3.1 元/t，商业 3.45 元/t)。

A　2452.8 元　　B　2570.4 元　　C　2898 元　　D　2604 元

50. 某企业水表：2011 年 6 月 9 日正常抄见字码 1800，结度 340t；7 月 9 日抄表时表坏，暂收 400t，7 月 25 日换表时，新表零度，8 月 9 日抄表字码 0180，请计算，8 月份按两个月平均应结度(　　)t。

A　400　　B　520　　C　382　　D　332

51. 换表后第一次抄见水表时，发行水量＝水表字码－新表底数＋(　　)。

A　上个月用量　　B　同期用量

C　上三个月平均用量　　D　换表时结度数

52. 新表平均计算发行水量时，按照三个月平均计算的方法叫作(　　)。

A　当期平均　　B　月度平均　　C　多期平均　　D　年度平均

53.

抄表日期	抄码	用水量	备注
3 月 4 日	2000	500	
4 月 5 日	2200	550	表停估计
4 月 10 日	0000		换新表
5 月 5 日	0500	平 690	

当月平均应发行(　　)t

A　600　　B　690　　C　500　　D　550

54.

抄表日期	抄码	用水量	备注
3 月 4 日	2000	500	
4 月 5 日	2200	550	表停估计
4 月 10 日	0000		换新表
5 月 5 日	0500	平 690	

按两月平均应发行(　　)t

A　600　　B　690　　C　500　　D　550

55. 水表快慢主要是指水表在长时间使用后出现一定的(　　)，或电磁干扰等情况造成的水表计量精度超出国家计量标准允许误差限的情况。

A　机械部件磨损　　　　B　人为损坏

C　环境影响　　　　D　偷盗用水

56. 某公司的水表经检定后，水表误差为+3%时，应退还除(　　)外的全部费用。

A　多收水费　　　　B　多收违约金

C　校表费用　　　　D　用户通信费和打出租车费

57. 某用户近三个月的用水量为500t，该表校验后快20%，问应退还用户(　　)水量。

A　500t　　　　B　100t　　　　C　83t　　　　D　不退

58. 暂收发行水量通常是按上月或同期用水量暂收，或按供水合同上约定的(　　)进行暂收发行。

A　加倍收取水费　　　　B　零度

C　上三个月的平均用量　　　　D　与用户协商的水量

59. 抄见时发现用户水量异常必须(　　)。

A　换表　　　　B　贴友情提醒单告知用户

C　暂收发行水量　　　　D　帮用户查找漏点

60. 抄表时水表因堆埋无法见表时应根据用户用水情况进行(　　)水量。

A　暂按零度收费　　　　B　暂收发行

C　保留发行　　　　D　正常发行

61. 抄表时遇故障水表时除申报更换外，应按要求进行水量暂收发行，其暂收发行标准，下列表述错误的是(　　)。

A　按合同约定的方式，即该用户上三个月的平均用水量暂收发行

B　考虑到用户的实际用水情况，有时可以按上个月的用水量暂收发行

C　考虑到用户的季节性用水因素，有时可以按去年同期的用水量暂收发行

D　在了解了用户的实际用水情况后，按照其二级计量水表暂收发行

62. 下列行为属于人为估表的是(　　)。

A　抄表时水表被埋，暂收发行

B　下雨天未按规定时间抄表，暂收发行

C　进户表无人在家，暂收发行水量

D　未见表暂收发行时按“正常”的见表类型录入发行

63.《供用水合同》约定，计费水表因自然损坏或质量问题造成计量不准的，供水人应当无偿更换，并可按照(　　)用水人本期用水量。

A　用水人历史最高用水量估算

B　用水人历史最低用水量估算

C　用水人上年同期用水量或用水人上三次抄表的平均用水量估算

D　用水人行业平均用水量估算

64. 抄表员抄表时必须真实反映现场情况，见表类型填写输入准确，对于现场未能见表但按“正常”抄见的见表类型填报输入的，查实后按(　　)处理。

A　人为估表查实下岗制　　B　首问负责制

C　抄表差错　　D　一诉查实下岗制

65. 进户表水表抄见类型为“空房”，说明(　　)。

A　水表的抄见字码为零度　　B　用户不在家无法见表

C　水表故障失灵　　D　无法见表且该处用户没有用水

66. 抄表时发现表位被用户堆放杂物时，应(　　)，以便抄见水表。

A　让用户赔表并加装水表　　B　努力抄见或请用户即时清理

C　办理移改提手续　　D　重新装表接水

67. 上次抄见字码为0068，本次用户在门上粘贴字条自报为0065，该水表的见表类型应该是(　　)。

A　保留　　B　正常抄见　　C　粘贴自报　　D　暂收

68. 发现水表被覆土掩埋，首先应该(　　)。

A　让用户自报　　B　挖开努力抄见

C　申报移表　　D　拨打供水热线处理

69. 拆迁地区内水表表位被埋，但是用户依旧有人在用水，此时抄到水表的见表类型为(　　)

A　拆迁　　B　特殊表位/埋

C　特殊表位/无表　　D　特殊表位/违章用水

70. 抄表时遇到拆迁时，应第一时间上报，并统计好拆迁地区所抄水表明细。在确定用户房屋建筑已拆除时，对表位无表的水表应注明(　　)。

A　水表故障　　B　拆迁　　C　私自拆表　　D　特殊表位/埋

71. 抄表时发现原 *DN*15 的在册水表，被用户私自换成 *DN*25 的水表时，应(　　)。

A　请用户换一块 *DN*15 的水表　　B　无须理会，暂收发行水量即可

C　上报违章处理　　D　正常抄表，结度发行水量

72. 在抄表工作中发现绿化洒水车在路边开启消火栓接水，应检查其是否(　　)。

A　办理驾驶执照　　B　有消防许可证

C　酒后驾车　　D　挂表计量

73. 按表号试水时发现对应的水表不转动，而是旁边的水表在转动，这种情况属于(　　)。

A　水表空转　　B　内部漏水　　C　资料差错　　D　用户偷水

74. 新装接水户发放水费缴费卡时，应注意核对(　　)。

A　接水许可　　B　门牌地址和户名

C　水费欠费日期　　D　用户银行账号

75. 营业收费系统的网络系统主要是基于(　　)技术。

A　局域网　　B　互联网　　C　移动基站　　D　窄带互联

76. 在营业收费系统中，下列哪项属于柜台收费的功能(　　)。

A　抄表数据录入功能　　B　水费催缴功能

C　收费销账功能　　D　水量发行功能

77. 下列营业收费系统中的信息数据可以任意修改的是(　　)。

A　水量发行数据　　B　已收费数据

C　用户地址　　D　员工自己的登录密码

78. 在营业收费系统中进行用户水价修改时，必须设定水价(　　)，由专人负责修改，并保留原始审批手续。

A　修改权限　　B　加密密码　　C　修改名称　　D　调整类别

79. 营业收费系统中，水表维护功能主要包括新接水水表信息、换表信息以及拆表销户信息的全过程信息维护，其中重要的功能是做好(　　)。

A　信息保密工作　　B　水表资产管理

C　用户信息录入　　D　水价管理工作

80. 使用手机抄表时，抄表数据的下载时间安排应根据(　　)进行。

A　抄表员的要求　　B　抄表日程表

C　用户的时间要求　　D　法律规定的时间

81. 使用抄表器或抄表手机抄表时，抄表员的当期抄表数据应(　　)。

A　现场实时录入抄表器　　B　根据用户要求录入到抄表器中

C　看具体情况决定是否录入　　D　用户缴费时录入抄表器中

82. 远传水表的远传数据应建立与营业收费系统的数据接口，确保(　　)。

A　远传系统稳定　　B　远传数据准确

C　数据的交互使用　　D　用户的信息共享

83. 抄表数据上传至营业收费系统后必须经过(　　)后，方可发行水量。

A　人工计算　　B　数据吞吐　　C　审核程序　　D　用户确认

84. 营业收费系统中的水量发行操作是确认(　　)的过程。

A　抄表员工作量　　B　水费应收账款

C　抄表工作结束　　D　用户基本信息

85. 营业收费系统中水量发行后的校核是由(　　)实现的。

A　计算机自动　　B　人工计算　　C　由抄表员手工　　D　用户

86. 营业收费系统的水量发行台账和报表功能是(　　)的需要。

A　财务统计和分析　　B　用户服务

C　政府监管　　D　职工薪酬计算

87. 下列不属于营业收费系统可实现的收费功能的是(　　)。

A　银行托收代扣　　B　现金收费

C　水费预充值　　D　信用支付

88. 营业收费系统实现联网收费的重要基础是(　　)。

A　将数据上传至互联网　　B　数据全面公开共享

C　点对点的数据交换　　D　建立开放的数据系统

89. 营业收费系统实现水费销账的方式是(　　)。

A　收费员手工按笔核销　　B　电脑实时销账

C　以数据包的形式月底统一销账　　D　由财务人员当天下班后处理

90. 在进行水费的调整和减免时，营收系统中不涉及数据变动的功能模块是(　　)。

A　财务报表功能　　B　水量发行功能

C　抄表录入功能　　D　操作权限功能

91. 在进行用户的抄见补收发行时，必须同步调整(　　)。

A　用户基础信息资料　　B　用户的银行代扣信息

C　水表的抄表底数　　D　水表的计量精度

92. 用户水表拆除后需在营收系统中进行销户操作时，应(　　)。

A　只做销户标志即可　　B　彻底从数据库中抹除用户数据

C　建立已销户数据库　　D　在收费信息库中进行

93. 客户服务员使用的工作单按指向对象可分为(　　)两类。

A　告知类和请求类　　B　对外服务类和内部流转类

C　常规类和非常规类　　D　提醒类和通知类

94. 水费缴纳通知单的作用是(　　)。

A　向用户明示抄表服务结果　　B　起到提醒用户缴费的作用

C　展示企业服务形象　　D　防止用户恶意欠费

95. 进户水表抄见之前必须(　　)。

A　准备抄表钩子　　B　提前张贴抄表预约通知单

C　打电话联系用户　　D　粘贴欠费停水单

96. 抄表收费员负责每月进行水费催欠工作，提醒用户交费。在上门张贴催欠单前由于催欠单是较早前打印，故应先(　　)。

A　等待用户自行缴费　　B　抄表员自己先行垫付水费

C　电话催缴　　D　查询水费是否已缴纳

97. 张贴停水通知单时必须同步进行(　　)。

A　拍照留存　　B　停水

C　电话联系用户　　D　抄见水表核对

98. 用户申请装表后，未按合同约定的供水范围用水被称为(　　)。

A　水价串规　　B　违规转供用水

C　非法经营　　D　偷盗用水

99. 抄表员在抄施工工地内的施工用水表时，遇水表表位不良，抄读困难时应(　　)。

A　向供水热线反映　　B　向用户发放《不良表位整改通知单》

C　向用户发放《水表更换通知单》　　D　向用户发放《违章用水通知单》

100. 抄表时遇下列哪种情况可以延迟抄表(　　)。

A　水表发生故障　　B　抄表员家中有急事

C　天气预报有大雨　　D　用户内部管道漏水

101. 抄表工作中遇到用水量量多或量少，水表指针与走率有疑问，水表堆没、水没或门闭等情况，当场无法解决需事后进一步调查处理的时候，抄表员可以开具(　　)。

A　《水表养护工作单》　　B　《水费暂停缴纳通知单》

C　《延迟抄表通知单》　　D　《水价调整通知单》

102. 抄表时，发现表箱损坏应(　　)。

A　请用户维修　　B　上报水表养护单更换

C 报警处理　　D 想办法自行维修

103. 抄表时，遇用户提出需把水表位置迁移时，应告知用户办理(　　)。

A 报停手续　　B 拆表拆管手续

C 移表手续　　D 销户手续

104. 关于故障水表判断，下列说法正确的是(　　)。

A 抄表员的职责是抄读水表，水表故障应由专业检定机构来确定

B 抄表员应具备水表的常备知识，现场进行初步判断

C 对于水表偏针的故障，可以通过现场试水来判断

D 如果远传表未上传数据，则可以确定水表已失灵

105. 关于超周期使用水表，下列说法正确的是(　　)。

A 抄表员只负责抄表，水表周期更换应由系统自动生成工作单

B 水表超周期使用，抄表员应负责现场更换

C 抄表员应根据用水量变化，及时申报超周期使用的水表更换

D 如果用水量没有异常变化，超周期使用水表可以不用更换

106. 下列属于供水企业检漏工作范围的是(　　)。

A 用户内部管网可能出现的漏损　　B 市政道路路面发现的漏水

C 总表小区内部管网可能出现的漏水　　D 用户抽水马桶漏水

107.《供用水合同》中明确约定，供水人有向用水人提供不间断持续供水的义务。在哪种情况下，供水人不得拆表停水(　　)。

A 用户申请报停水　　B 用户违法用水

C 用户欠缴水费　　D 拆迁单位要求对未搬迁住户停水

108. 对于同一只水表的供水范围内存在多种职业用水的，在水价定价时可以采取的办法有(　　)。

A 按其水价较高的职业类别定价　　B 按较低的职业定价，然后定期进行补收

C 按一定比例进行混合用水定价　　D 采取折中的方法

109. 下列职业类别中属于工商服务业用水的有(　　)。

A 居民住宅用来生产瓶装水销售　　B 社区办公用房用来经营餐饮

C 中国电信营业厅用水　　D 部队营房用水

E 养老院用水

110. 抄表时发现水表表位被用户私自移动过，应按(　　)进行上报处理。

A 违法私自移表　　B 表位不良

C 水表故障　　D 水表遗失

111. 抄表时，用户提出需把水表位置向表后移动大约20m，此时抄表人员应告知用户(　　)。

A 至所属房管所办理　　B 自行找人施工

C 请物业或开发商改造　　D 向供水企业申请

112. 抄表时，应核对用户用水性质与抄表资料是否相符，如果不符，需要(　　)。

A 上报调整用水价格　　B 上报违法用水

C 上报拆表停水　　D 补收罚款

113. 在足不出户情况下，我们通过远传表系统无法确定的信息有(　　)。

A　累计用水量　　B　一段时间内的瞬时用水情况

C　异常报警　　D　用户用水性质

114. 关于远传管理表的夜间最小流量，下列说法错误的是(　　)。

A　利用夜间最小流量可以进行管网损漏的估算

B　夜间最小流量不为零，则说明管网一定存在漏损

C　夜间最小流量为零，说明管网无漏损

D　夜间最小流量要结果可以对区域产销差进行漏控管理

115. 下列不属于用户资料内容的是(　　)。

A　客户接水信息资料　　B　客户用水信息资料

C　供水管网信息资料　　D　供水水质检测资料

116. 用户信息资料一般至少包含接水申请资料、用水信息资料以及(　　)三部分。

A　供水施工管线信息资料　　B　供水水质相关信息资料

C　用户水表更换信息资料　　D　用户违法用水信息资料

117. 在建立客户的接水信息资料时，水表与地址门牌的对应关系如果不一致将导致(　　)。

A　水表计量不准　　B　多收用户水费

C　少收用户水费　　D　水费张冠李戴

118. 水表安装施工验收人员在验收时，尤其要对水表号与门牌地址的对应关系进行再次试水抽检核对，避免出现(　　)。

A　水表资料差错　　B　水表出现倒装

C　水表出现故障　　D　水表上壳漏水

119. 用户用水性质的确定应在用户接水的申请或查勘环节确定，并录入系统内，在(　　)予以再次复核。

A　收取水费时　　B　新装水表验收和首次抄表时

C　用户投诉时　　D　用户办理销户手续时

120. 在办理用户对私过户时要注意核对用户门牌地址，避免出现(　　)。

A　水费纠纷问题　　B　房产纠纷问题

C　张冠李戴错误　　D　水表抄见错误

121. 抄表过程中发现水表故障，应填报水表更换工程单，水表更换后，(　　)。

A　应及时更新客户的水表号信息　　B　应及时抄见水表，按新表收费

C　应及时更新客户的水表口径信息　　D　应及时更新客户的联系人信息

122. 客户生命周期管理的核心内容是(　　)。

A　用水量的全生命周期管理　　B　用户信息资料的全生命周期管理

C　计量表具的全生命周期管理　　D　水费收缴的全生命周期管理

123. 客户信息资料管理的源头是(　　)。

A　装表施工环节　　B　水表首次抄见环节

C　水表更换环节　　D　水表拆表销户环节

124. 以下(　　)可以用作对大用户进行划分界定的标准。

A　用水量大小　　　　　　　　　　B　用水范围大小

C　用水地址远近　　　　　　　　　D　用水人口多少

125. 用户信用等级管理是建立在用户信息资料健全的基础上，需要在用户缴费及时率、依法依规用水、用水量大小以及(　　)等方面进行全面科学评估。

A　内部用水管理水平　　　　　　　B　用户用水投诉频率

C　供水设施的维修及时率　　　　　D　计量水表的更换

126. 在用户分级分类管理工作中，最重要的分类依据是(　　)。

A　用户用水人口　　　　　　　　　B　平均用水量大小

C　用户用水性质　　　　　　　　　D　用户用水范围大小

127. 集团用户通常是指用水量较大的或同一用水户下有多个用水表的用户。下列属于集团用水户的是(　　)。

A　张某在市区内有5套住宅用于出租

B　同一单元楼12户居民共用一个总表供水

C　某大学有两个校区3块水表，月用水量达5万t

D　门面房用水

128. 某集团用户月用水量达5万t，如果只用一只水表计量，下列说法最正确的是(　　)。

A　最好选用普通旋翼式大口径水表　　B　只需选用$DN40$以下口径的流量计

C　大口径的带远传的电磁流量计　　　D　必须选用超声波水表

129. 客户的全生命周期管理包括从用户新装水表到最后的水表拆除销户，而全生命周期管理的中间环节是(　　)。

A　产销差率的管理　　　　　　　　B　水表的抄见与使用周期管理

C　销售收入管理　　　　　　　　　D　用户信息资料管理

130. $DN300$及以下的供水管道爆管抢修服务时限一般不超过(　　)。

A　2h　　　　B　12h　　　　C　24h　　　　D　72h

131. 柜台收费时，用户反映水表抄错时应如何处理(　　)。

A　做好记录，快速转接相关部门处理　　B　告知用户到抄表部门处理

C　告知用户下次抄表时跟抄表员反映　　D　让用户自己回家再查查

132. 用户因未能减免内漏水费而投诉时，应如何处理(　　)。

A　报警，请警察调解处理

B　属于无理诉求，将用户列入黑名单

C　请示领导，按用户要求减免水费，取得用户满意

D　跟用户解释相关的政策以及供用水合同关系

133. 关于“三来”接待岗位，下列表述错误的是(　　)。

A　“三来”是指用户来电、来信、来访

B　“三来”接待岗位是企业对外服务的重要窗口

C　“三来”接待岗位是企业与用户之间沟通的桥梁

D　“三来”接待岗位在建立好网上营业厅后已无存在的必要

134. 下列不符合“三来”接待岗位服务规范的是(　　)。

A　电话铃响三声前接听　　B　使用文明礼貌用语

C　对用户咨询回答“不知道”　　D　主动接待，不推诿

135. 按用户诉求的目的，“三来”业务可以分为服务需求类、投诉建议类和(　　)类。

A　咨询类　　B　无理诉求类

C　正常申诉类　　D　非常规诉求类

136. 按照工单回访结果，投诉可以分为满意工单和(　　)。

A　无理诉求工单　　B　不满意工单

C　已回访工单　　D　未回访工单

137. 下列不属于热线工单系统运行管理考核指标的是(　　)。

A　工单处理及时率　　B　工单处理满意率

C　水费回收及时率　　D　用户回访满意率

138. 热线工单处理应做到(　　)与用户满意率并重。

A　有效性　　B　时效性　　C　机动性　　D　灵活性

139. 下列违反首接负责制的是(　　)。

A　热线系统一级站点解答用户咨询　　B　营业厅收费员解答用户咨询

C　抄表时抄表员解答用户疑问　　D　接访人员让同事处理用户咨询

140. 某用户向抄表员咨询接水业务，抄表员以此业务不属于他所在的部门管辖为由，请用户向供水热线，并告知用户电话号码。这种行为属于(　　)。

A　符合首问负责制规定　　B　符合首接负责制规定

C　推诿的不负责行为　　D　无可指责

141. 在热线工单处理时，对在规定时限内无法办理完成的工单，可以(　　)。

A　提出延期申请　　B　提出不予受理申请

C　先按办结销单处理　　D　等待系统自动销单

142. 服务作风满意率评价体系的制度完善要求企业完善对外服务承诺制，建立健全首问和首接负责制、投诉查实处理制度和(　　)等相关服务制度。

A　签单回访制度　　B　岗位责任制度

C　业务承包制度　　D　服务竞赛制度

143. 面对用户的无理诉求应如何处理(　　)。

A　直接诉诸法律　　B　解除供水合同，停止供水

C　耐心解释，争取用户谅解　　D　拒不受理用户的诉求

144. 供水企业客户服务的直接目标是(　　)。

A　客户满意　　B　企业获益　　C　政府满意　　D　领导满意

二、多选题

1. 抄表时遇到不良表位时，抄表员应(　　)。

A　清理表位尽量抄见水表　　B　填报不良表位工作单上报

C　无法见表估收水费　　D　全部按零度估表

E　责请用户协助见表

2. 水费回收的主要考核指标有(　　)。

A　当月水费回收率　　　B　累计水费回收率

C　往年欠费回收率　　　D　应收账款余额

E　户比回收率

3. 用户反映水表计量不准时应如何处理(　　)。

A　请抄表部门比对抄表数据，检查水表是否故障

B　换一只水表，继续观察用户以后的用水量

C　按水表校验程序进行校验

D　请用户回家观察，下个月再来处理

E　请水表生产厂商召回水表

4. 当用户反映其用水量与实际不符时，应做好哪几项工作(　　)。

A　检查水表抄读是否准确　　　B　检查是否存在内部漏水的情况

C　检查是否存在空转现象　　　D　检查是否存在水表故障

E　检查是否存在资料差错的现象。

5. 用户多次未缴水费，上门催缴时用户以水价过高拒不缴费，可以如何处理(　　)。

A　停水　　　B　起诉

C　报警　　　D　调低水价类别

E　减免部分水费

6. 抄表时遇用户阻挠，不让抄表时，应采取的措施是(　　)。

A　跟用户亮明身份，强行抄表　　　B　调头就走，暂收发行水量

C　报警，请警察处理　　　D　打电话给单位，向领导汇报

E　尽量与用户沟通，了解用户不让抄表的原因

7. 抄表时应进行的提醒服务有(　　)。

A　缴费提醒　　　B　内漏提醒

C　冬季防冻提醒　　　D　水量突增提醒

E　违法用水提醒

8. 抄表员在抄进户表时，遇不良表位可以采取的方法有(　　)。

A　清除杂物后抄读

B　利用随身携带的小型反光镜抄读

C　利用智能手机拍照抄读

D　发放表位整改通知书，请客户整改表位后抄读

E　直接估计水量

9. 抄表时遇水表被水淹没不利于抄读时可以采取的方法有(　　)。

A　隔水抄读法　　　B　清除法抄读

C　避水法抄读　　　D　划水法抄读

E　拆表法抄读

10. 下列哪种情况可以暂收估抄水表(　　)。

A　水表被车压　　　B　水表被装修垃圾堆埋

C　水表被污水淹没　　　D　水表在户内且无人在家

E　水表被私自拆除后用直管连通用水

11. 用户水量突增可能的原因有(　　)。

A　内部漏水　　B　水表空转

C　违章偷水　　D　用水人口增多

E　水表抄错

12. 抄表时发现用户水量突然增大很多时，应首先(　　)，然后初步查找原因，并(　　)。

A　应仔细核对水表抄读是否正确　　B　询问用户是否存在偷水行为

C　告知提醒用户　　D　及时关闭表前阀门

E　上报更换水表

13. 水量突减的原因可能有(　　)。

A　内漏修好　　B　用户偷水

C　学校放假　　D　节约用水

E　水表故障

14. 某汽车生产企业，2020 年 10 月份水量环比减少 70%，可能的原因有(　　)。

A　企业大幅减产　　B　内部漏水已修复

C　水表故障　　D　企业有偷水行为

E　天气气温比上月降低

15. 抄表时遇量多或量少，需要采取的措施有(　　)。

A　反复核对抄码读数　　B　比对分析抄表历史数据

C　观察水表是否故障　　D　检查水表指针有无松动等异常情况

E　向用户询问，了解用户内部用水情况

16. 用户发现水表坏了私自在市场买了一个水表安装到表位，这样行为属于(　　)。

A　正常换表　　B　私自换表

C　违章行为　　D　好人好事

E　无所谓

17. 抄表复核的主要内容有(　　)。

A　自复　　B　内复

C　外复　　D　抄表记录的复核

E　水费账单的复核

18. 抄表收费岗位服务的仪表规范包括(　　)。

A　统一着装，衣着整洁　　B　仪表大方，举止文明

C　佩戴服务标志　　D　不得留长发

E　使用统一的工作包和抄表收费用具

19. 上门抄表、复查、催欠时必须按公司对外服务的规定(　　)。

A　着工作服　　B　挂工作牌

C　使用文明用语　　D　按规定录音

E　背抄表包

20. 上门抄表、复查、催欠及处理投诉时，应使用文明礼貌用语，绝不允许与用户发

生(　　)。

A　相互辱骂　　B　语言和肢体冲突

C　争吵　　D　辩论

E　交谈

21. 抄表员上门抄户内水表时，应做到的服务规范包括(　　)。

A　轻敲门或按门铃　　B　主动出示证件，自报家门

C　询问是否可以进入，进门穿鞋套　　D　抄完后告知用户水表读数和用水量

E　跟用户告谢

22. 常用的水费催缴方式有(　　)。

A　上门张贴水费催缴单　　B　电话催缴

C　短信或微信催缴　　D　上门与用户见面催缴

E　诉讼催缴

23. 下列职业类别中属于特种用水的有(　　)。

A　理发店用水　　B　足浴用水

C　农贸市场用水　　D　建筑施工用水

E　洗车场用水

24. 关于水价构成的解释，正确的是(　　)。

A　供水价格是自来水公司销售自来水的价格

B　污水处理费是处理污水向排放者收取的治理费，只要用水就有污水排放

C　水资源费是国家向用水对象收取的资源性规费

D　城市公用事业附加是用于城市基础设施建设和改造的，纳入地方预算的政府性基金

E　垃圾处理费是向居民用户收取的用于城市生活垃圾处理的行政性收费

25. 新装水表验收时需检查水表是否符合规范，主要检查项目有(　　)。

A　是否符合计量规范的要求　　B　水表安装是否便于抄见

C　是否便于维修更换　　D　水表计量是否准确

E　阀门井位置

26. 对于水表的规范安装，下列说法正确的是(　　)。

A　机械大口径水表安装时需确保前 $10D$ 后 $5D$ 的直管段要求

B　对于作业面狭小的嵌墙表，可以旋转 90°侧立安装

C　任何水表安装一般不得出现前高后低、左右倾斜的情况

D　水表安装应符合计量的设计要求，确保计量准确

E　电子水表的安装通常也有前后直管段的要求

27. 水量发行中暂收发行的方法有(　　)。

A　按上期或同期发行水量暂收　　B　惩罚性加倍发行

C　按上三次发行水量平均暂收发行　　D　参考用户二级计量估算暂收发行

E　按用户自报水量暂收发行

28. 关于水费开账，下列说法正确的有(　　)。

A　抄表时遇到水表故障失灵时，须直接按历史最高用水量暂收发行

B　故障表更换后，应进行平均计算发行水量
C　当水表使用人更换后，可立即停止保留发行，改为照结发行
D　对因欠费拆表停水后又私接用水的用户，可暂收发行水量，避免水量损失

29. 目前居民户水表是按表位类型划分的是(　　)。
A　户内表　　B　出户落地表
C　远传表　　D　管廊表
E　管理考核表

30. 对于带有远传装置的大口径水表，我们现场人工抄核的意义是(　　)。
A　核对基表数据，确保数据准确　　B　调查用户的用水性质是否发生变化
C　开展用户走访服务　　D　检查水表表位情况
E　开展检漏修漏业务

31. 通过跟踪监测管理表的远传夜间最小流量，我们可以(　　)。
A　提高检漏效率　　B　加强施工质量管理
C　为打击偷盗用水指明方向　　D　增加管网供水压力
E　提高管网水质标准

32. 供水企业客户对外服务的主要内容包括(　　)。
A　抄表收费服务　　B　接水报装服务
C　用水安全服务　　D　用水疑问咨询
E　移表拆表服务

33. 对外服务承诺制包括哪几个方面的内容(　　)。
A　服务时限　　B　服务项目
C　服务规范　　D　服务热线
E　服务监督

34. 抄表岗位的服务承诺通常包括下列(　　)几项内容。
A　人为估表查实下岗制　　B　一诉查实下岗制
C　首问负责制　　D　文明服务制
E　挂牌上岗制

35. 三来业务接待岗位的主要工作职责包括(　　)。
A　热情礼貌地接待用户来访或接收来电
B　做好“三来”的登记、分发、催办工作
C　解答用户咨询，处理一般性用户诉求
D　做好用户投诉平台的工单转接工作
E　按规定办理水费调整、减免等业务

36. 三来业务接报处理规范有(　　)。
A　统一服务形象，着装挂牌，遵守服务纪律
B　接听用户来电统一规范，使用文明礼貌用语
C　用户来访，耐心解答，语言亲切，不推诿
D　用户来函认真处理，事事有结果，件件有回复
E　接待用户周到细致，不擅离岗位

37. 服务作风满意率评价的内容包括(　　)。

A　行业作风的政府监督　　B　企业作风监督员监督

C　12345政风热线监督　　D　新闻媒体监督评议

E　企业内部自我监督

38. 关于客户资料业务员岗位职责，下列说法正确的是(　　)。

A　要对客户资料的完整性进行审核

B　对客户原始资料进行编号、归档工作

C　进行用户过户、水表更换、水价调整等业务

D　要做好客户资料的借阅管理

E　要做好用户的接待接访工作

39. 下列属于抄表复核的工作内容的是(　　)。

A　抄表记录的复核　　B　水量的发行

C　抄表记数据的复核　　D　水费账单的复核

E　水表的更换工作

40. 下列关于自来水计量单位中，属于法定计量单位的是(　　)。

A　t　　B　L

C　度　　D　m^3

E　加仑

41. 用户职业分类是用户管理的基础工作，以下说法正确的是(　　)。

A　用水职业应在接水查勘时予以核定　　B　用水职业应在首次抄表时予以复核

C　用水职业应在水表销户时予以核对　　D　用水职业应在每次抄表时予以核对

E　用户职业应以用户填报为准

42. 下列属于非居民用水的用户是(　　)。

A　建筑施工用水　　B　企业职工宿舍用水

C　供电局营业厅用水　　D　购物超市用水

E　政府办公楼用水

43. 催收员在上门服务时要遵守企业对外服务规范，下列属于服务不规范的是(　　)。

A　张贴催缴水费单在指定的醒目位置　　B　电话催缴，接通后先自报家门

C　上门催收，轻声敲门，使用文明用语　　D　利用周末穿便装顺路上门催收

E　未经明示提醒直接对逾期未缴费用户停水

44. 下列属于柜台收费岗位服务要求的是(　　)。

A　使用普通话　　B　对用户配合致谢

C　唱收唱付　　D　进户服务穿鞋套

E　上门抄表前预约

45. 下列属于居民生活用水价格类别的有(　　)。

A　学校的学生公寓用水　　B　医疗卫生用水

C　社区服务设施用水　　D　民政福利院用水

E　超市用水

46. 抄表员抄表后应进行的申报工作，包括下列哪几项(　　)。

A　水价变更调整申报　　　　B　用户违章用水申报

C　故障表换表申报　　　　D　水费减免申报

E　不良表位申报

47. 抄表员抄表时应进行的基础工作中，包括(　　)。

A　水表故障核查　　　　B　开展水质检查

C　违章用水核查　　　　D　量高量低原因核查

E　开展用水职业核查

48. 属于居民户表用户可用的缴费方式是(　　)。

A　持现金至企业自营柜台缴费　　　　B　抄表员上门收取现金

C　办理银行卡代扣水费　　　　D　使用支付宝等网上支付缴费

E　网上营业厅缴费

49. 水量发行中的暂收发行，可以(　　)。

A　按上次发行水量暂收　　　　B　惩罚性加倍发行

C　按上三次发行水量平均暂收发行　　　　D　按用户内部二级计量估算暂收发行

E　按水表公称流量发行

50. 水量补收发行中，属于非抄见补收发行的类别是(　　)。

A　违章用水补收发行　　　　B　水费差价补收发行

C　管道冲洗水量补收发行　　　　D　故障表换表补收发行

E　水表拆表结度发行

51. 下列哪些情况应进行非抄见补收发行水量(　　)。

A　非在册用户的历史水量追缴　　　　B　水价串规的差价追缴

C　供水管道安装时的管道冲洗水费　　　　D　未见表用户暂收发行水量

E　在册用户私接用水期间的水费补收

52. 当用户用水量出现量高或量低时应核查相关信息，属于核查内容的有(　　)。

A　核实示数是否正确　　　　B　核实有无漏水

C　核实水表是否正常　　　　D　核查用户财务报表

E　核查用水水质

53. 居民院落总表供水，以下哪些情况下可以核减水量(　　)。

A　内部地下暗漏　　　　B　用户报错数

C　表后接头漏水　　　　D　查错表

E　分表用户水费无法收缴时

54. 抄表时遇用户阻挠，不让抄表时，可以采取的措施是(　　)。

A　跟用户亮明身份，强行抄表

B　报警，请警察处理

C　跟用户讲道理，了解用户不让抄表的原因

D　打电话给单位，请求帮助

E　拆表停水

55. 抄表时遇到表位被车压时，可以(　　)。

A　立即暂收发行　　B　二次回抄

C　打122协助寻找车主移车　　D　向周围邻居咨询车主信息，以便移车抄见

E　拆表停水

56. 下列属于“不良表位”的见表类型的是(　　)。

A　堆　　B　埋

C　淹　　D　水表故障

E　违章用水

57. 用户办理拆迁地区拆表拆管申请时时，必须携带的资料是(　　)。

A　拆表拆管书面申请　　B　相关资料图

C　拆迁许可证明　　D　结清水费证明

E　房屋出租协议

58. 用户申请新接水时应对用户进行接水前审核，主要审核的内容包括(　　)。

A　审核用户之前的用水来源，确认是否存在欠缴水费的情况

B　审核用户的产权证明，确认是否违章建筑

C　审核用户申请用水范围内的拆表拆管情况

D　审核用户以前是否存在违章用水未处理的情况

E　审核用户的违法犯罪记录

59. 关于抄表数据的修改，下列说法错误的是(　　)。

A　抄表数据在水量发行以前可任意修改

B　抄表数据可以在水量发行前后都可以任意修改

C　抄表数据的修改必须经过用户同意

D　抄表数据的修改必须经过严格审批程序

E　抄表数据任何时间都不得修改

60. 计算机水费发行相较于人工开账发行的优势，下列说法正确的是(　　)。

A　工作效率极大提高　　B　工作质量极大提高

C　具有系统性的优势　　D　可节约用户水费

E　可以增加企业水费收入

61. 下列关于抄表工作单的描述正确的是(　　)。

A　工作单是企业与客户沟通的一种媒介

B　工作单是企业内部不同部门协调工作的工具

C　工作单是用户服务和经营管理的需要

D　工作单是规避法律纠纷的产物

E　可以使用电子化的抄表工作单

62. 抄表时需进行的提醒服务有(　　)。

A　缴费提醒　　B　内漏提醒

C　银行卡余额不足提醒　　D　水量突增提醒

E　用水设施防冻提醒

63. 在对用户进行欠费停水之前，下列哪些工作是必需的(　　)。

A　至少上门催欠两次并贴单拍照　　B　必须张贴欠费停水通知单并拍照

C　告知用户，请用户做好储水准备　　D　必须在停水前24h通知供水热线备案

E　必须向媒体公布

64. 私自转供水对供水企业正常经营会造成一定的影响，下列说法正确的是(　　)。

A　会造成供水市场的流失　　B　会造成水价串规损失

C　会造成欠费无法回收　　D　会造成管网压力损失

E　会造成主干管网水质的下降

65. 在进行水表周期性更换时，下列哪些是必须做到的(　　)。

A　提前告知用户，预约换表时间

B　必须严格执行用户签单制

C　换表时同步更换表前阀门

D　换表结束应及时反馈，修改系统内的水表信息

E　必须向计量部门申报

66. 关于水费减免，下列说法正确的是(　　)。

A　水表空转造成的多计水量应予以减免

B　用户内部漏水造成的水量应予以减免

C　由于水表计量误差多计水费应予以减免

D　由于抄表错误造成的多收水费应予以减免

E　未见表多估收的水费应予退减

67. 用户接水时，需要对用户信息资料进行审查的内容包括(　　)。

A　用户之前的用水情况　　B　用户之前是否存在欠费

C　用户是否与邻里存在用水纠纷　　D　用户是否存在过偷盗用水记录

E　用户的违法犯罪记录

68. 下列属客户用水信息资料内容的是(　　)。

A　用户名信息　　B　用水地址信息

C　小区物业信息　　D　水表口径信息

E　用户所处行政区域信息

69. 下列属于客户信息资料维护内容的是(　　)。

A　过户　　B　水价变更

C　表前阀门更换信息　　D　用水联系人信息变更

E　水表更换信息

70. 以下哪些业务需供水用户在其使用自来水的存续期内办理(　　)。

A　户名过户业务　　B　自来水销售许可业务

C　拆表销户业务　　D　接水报装业务

E　用水性质变更

71. 进行用户分级管理时，可以参照的分类标准是(　　)。

A　用户用水量的大小　　B　水表的口径大小

C　用户投诉的次数　　D　用户违章用水的历史记录

E　用户缴费的习惯

72. 下列可以列入用户受控管理理由的是(　　)。

A　用户违法用水尚未接受处理　　　　B　用户欠缴水费长达3年
C　用户违规压占计量水表拒不配合整改　D　投诉回访用户不满意
E　用户内部泵房欠缴电费

三、判断题

（　　）1. 抄表时水表因堆埋无法见表时应根据用户用水情况进行暂收发行水量。

（　　）2. 抄表员的岗位职责通常要求抄表员必须认真抄好每一只水表，并确保抄读准确。

（　　）3. 催收员岗位的基本考核指标是抄表准确率。

（　　）4. 催收员上门催收时应符合供水企业对外服务规范，并遵守企业对外服务承诺。

（　　）5. 外复员因不与用户直接服务，因此上门服务时可以不挂牌上岗。

（　　）6. 抄表时遇水表被水淹没，必须采取估表的办法，同时请用户清理好表位。

（　　）7. 当发现用户水表空转时，我们采取的最好解决办法是为用户更换一只经过校验的新表。

（　　）8. 用户职业分类是用水价格核定的基础。

（　　）9. 非居民生活用水必须使用大口径水表计量。

（　　）10. 集中供水户通常按照表后用户中水价最高的用水性质进行定价。

（　　）11. 抄表服务规范中规定抄表员在抄见户内水表时必须戴鞋套，并使用文明礼貌用语。

（　　）12. $DN50$～$DN300$ 水表强制检定期限为2年。

（　　）13. 抄见时发现水表的梅花针（灵敏针）不规则的缓慢间歇性转动，可判断水表表后一定存在漏水现象。

（　　）14. 抄表员抄表时应进行现场结度，以便及时发现量高量低的情况。

（　　）15. 根据水表的计量特性，水表安装时要保持水表水平放置，不能出现前高后低的情况。

（　　）16. 抄表时如果发现水表故障，为确保计量准确，一律按照零度发行水量。

（　　）17. “应查尽查，应收尽收”是供水企业对供水客户服务员工作的指导方针。

（　　）18. 新增用户应在当月及时插入区册，避免漏抄。

（　　）19. 抄表员只负责抄表自己区册内的水表，即使线路中发现未在区册内的无表用水也可以不予理会。

（　　）20. 抄表日程表编排好以后，如果有新接水用户较多，可随时全部打乱重新编排。

（　　）21. 本周期水表更换，计算本周期用水量，应将抄读的旧水表用水量加新表用水量。

（　　）22. 新表平均通常分为当年平均和多年平均两种。

（　　）23. 水表走快或者走慢只会出现水表使用超过强制检定周期以后。

（　　）24. 暂收发行的原则是尽量接近用户的用水实际量。

（　　）25. 如供水用户原因造成水表表位不良，无法抄表，可以直接对用户实施停水。

（　　）26. 供水企业建设营业收费系统可以极大提高生产效率。

（　　）27. 营业收系统的各业务功能之间要保持相互独立，数据不能共享以确保数据安全。

（　　）28. 营收系统的用户信息一旦建立录入，任何人在任何情况下均不得修改。

（　　）29. 水表现场更换信息应及时录入并更新营收系统的水表信息，以利于抄表结度工作。

（　　）30. 抄表数据的审核是水量发行工作中的重要一环。

（　　）31. 抄表数据上传营收系统，在进行水量发行前的修改属于抄表水量的调整，可以不设定修改权限。

（　　）32. 在营收系统中进行水量发行与抄表数据的录入上传是同一项操作。

（　　）33. 水量发行后的校核工作主要是为了发现抄表员的抄表差错。

（　　）34. 水量发行报表可分为日报表和月报表两种形式。

（　　）35. 营业收费系统不可以实现移动收费功能。

（　　）36. 实现联网收费功能的前提是要做好数据的安全工作。

（　　）37. 收费过程中如果出现系统断电或网络故障，会造成用户重复缴费。

（　　）38. 在进行水费调整减免时，必须确定水表底数是否同步修改。

（　　）39. 在营业收费系统中进行补收发行时，可以不经过审核程序，直接发行水量。

（　　）40. 营业收费系统应实现用户的全生命周期管理。

（　　）41. 计算机在进行抄表数据的审核时完全无需人工干预。

（　　）42. 用于对外服务的通知、告知、提醒、催收等工作的工作单称为“对外服务格式表单”。

（　　）43. 对外服务格式表单可以根据抄表现场的需要临时设计修改。

（　　）44. 水费缴纳通知单未发放或张贴到位时，用户可以拒交水费。

（　　）45. 预约抄表就是预估用户用水量。

（　　）46. 抄表时发现用户的表后阀门被关闭，抄表员需主动将表后阀门帮用户打开。

（　　）47. 抄表数据下载到抄表器或智能手机中，必不可少的信息是上期水表底数。

（　　）48. 抄表员可以直接登录营业收费系统，根据现场实际用户性质修改系统水价类别。

（　　）49. 抄表器中的抄表数据一旦上传至营业收费系统发行（开账）后，抄表员即不可以随时修改变更。

（　　）50. 远传水表的数据不需要人工审核，可以直接发行水量。

（　　）51. 水表属于供水设施，根据《供用水合同》和相关法律法规的规定，用户负有保护义务，必须确保水表表位不被压占或污染。

（　　）52. 如果用户当月用水量过大，可以请求抄表员申报更换水表来减免一部分水量。

（　　）53. 抄表时遇用户用水量增加较大，应主动帮助用户进行内部管网检漏。

(　　) 54. 用户欠缴水费，经多次催缴仍未缴纳的，抄表员可以申报拆表停水。

(　　) 55. 爆管抢修后造成用户家中出现大量浑水时，应根据实际情况予以适当的水费减免。

(　　) 56. 无线远传水表两年更换，原无线远传发射器可以再次使用。

(　　) 57. 某小区的管理表夜间最小流量为 $10m^3/h$，说明小区内可能存在夜间偷盗的行为。

(　　) 58. 进行用户分级分类管理的目的主要是为了提高用户管理的效率，同时提升用户服务的水平。

(　　) 59. 对大用户进行有效的分级分类管理可以提高供水企业的管网漏损率。

(　　) 60. 进行用户信用等级管理时要注意信息保密工作，避免对用户产生负面的影响。

(　　) 61. 对用户进行受控管理可以很好地提升供水企业水费回收效率。

(　　) 62. 客户资料是记录客户接水、用水的原始记录，一经建立归档后不允许进行更新修改。

(　　) 63. 供水用户的合生命周期管理是指从接水报装开始一直延续到拆表销户之间的全过程管理。

(　　) 64. 供水企业通常将用户分为优良中差四个类别。

(　　) 65. 客户资料管理的关键工作是审核，核心工作是信息变更的处理，基础工作是资料整理和分类归档工作。

(　　) 66. 在用户信息资料中，水表的安装时间是指水表安装后实际通水的时间。

(　　) 67. 营业厅工作人员应熟知供水营销各项业务知识，为用户提供全方位服务。

(　　) 68. 营业厅收费人员只负责按系统显示金额收取水费，可以不了解抄表相关知识。

(　　) 69. “三来”接待岗位要求工作人员业务知识非常全面，具备一定的服务沟通技巧和能力。

(　　) 70. 供水客户“三来”接待岗位人员服务水平的高低将直接影响企业的对外服务形象。

(　　) 71. 对“三来”业务进行分类和规定处理期限可以区分用户诉求的轻重缓急，明确职责，提高效率，提升服务形象。

(　　) 72. 热线工单处理时为确保用户满意，完全可以以企业经济利益换取用户满意。

(　　) 73. 首接负责制是对首问负责制的内容扩充，包括接电、接访和热线工单的首接处理。

(　　) 74. 在对工单办理和流转的时限规定中，要求对确因特殊原因无法在规定时限内完结的工单，可以对工单提出无限期的延期申请。

(　　) 75. 供水热线的工单传递必须逐级传递，逐级反馈。

(　　) 76. 对外服务承诺制应向全社会公示，并请所有用户予以监督。

(　　) 77. 用户诉求的满意率评价包括作风满 意率和结果满意率两个方面。

(　　) 78. 供水企业属于社会民生服务行业，所以客户服务的目标就是确保用户满意。

（　　）79. 某用户因内部漏水要求减免水费，为使用户满意应无条件满足其要求。

四、简答题

1. 抄表员岗位的工作职责有哪些？
2. 用户用水量产生量多的原因有哪些？
3. 用户用水量产生量少的原因有哪些？
4. 违法违规用水的类型有哪些？
5. 产生水表空转的原因是什么？解决方法是什么？
6. 出户落地表表位不良的主要形式有哪些？
7. 出户落地表表具管理的主要方法有哪些？
8. 请简述客户服务员使用智能手机 APP 开展抄表工作的主要流程？
9. 水表故障判断的主要方法有哪些？
10. 违法违规用水的处理程序是怎样的？
11. 抄表复核岗位的工作职责有哪些？
12. 抄表收费岗位的一般性服务规范包括哪些方面的内容？
13. 抄表收费岗位的仪表规范包括哪些内容？
14. 抄表收费岗位的抄表规范包括哪些内容？
15. 抄表收费岗位的作风规范包括哪些内容？
16. 抄表册编排时，抄表册内部各水表的抄表先后次序排列方式有哪几种？
17. 供水客户服务的对外服务格式表单包括哪些？
18. 抄表员抄读水表应做好哪些准备工作？
19. 请简要描述出户落地表的表箱开启步骤？
20. 请简要描述“水没表”的抄读方法？
21. 抄表时发现量多量少的处理程序？
22. 检查用户抽水马桶漏水的方法有哪些？
23. 水表“自复”的具体工作内容包括？
24. 水表“内复”的具体工作内容包括？
25. 水表“外复”的具体工作内容包括？
26. 在对抄见零度和暂收零度进行管理时，应注意哪几方面的内容？
27. 水表无线远传技术有哪几方面的优势？
28. 在进行新接水用户资格审核时，主要关注哪几方面的内容？
29. 新装水表验收主要包括哪几方面的内容？
30. 简述客户信息资料的内容？
31. 为减少用户资料张冠李戴的差错现象，新接水资料建立环节应注意哪几方面的内容？
32. 在对客户表具资料进行更新时应注意哪些问题？
33. 在进行水量发行信息资料管理时应注意哪些问题？
34. 按照用户诉求的目的，用户“三来”可以分为哪几类？

35. 请简述“三来”接报业务处理规范？
36. 请简述“三来”业务接待人员的工作职责？
37. 请简述首问负责制的主要内容？
38. 请简述服务作风满意率评价的主要内容？

第7章　水费账处理

一、单选题

1. 关于水量的描述，正确的是(　　)。

A　又被称为“售水量”　　B　是企业“营业收入”所对应的水量

C　涉及往年调整水量　　D　涉及往年恢复欠费水量

2. 下列说法错误的是(　　)。

A　自来水销售，最终要以货币形式实现价值

B　自来水销售，是自来水企业的主要收入来源

C　“销售收入”即“营业收入”

D　“销售收入”是“售水量”落实在货币上的体现

3. 下列不属于“售水量发行报表”内容的是(　　)。

A　营业所、办事处　　B　抄见、非抄见水量

C　区分用水类别　　D　代收费用

4. 下列属于“水量收入报表”内容的是(　　)。

A　用水类别（水价）　　B　营业所、办事处

C　抄见、非抄见水量　　D　代收费用及违约金

5. 下列属于固定资产的是(　　)。

A　厂房　　B　现金

C　3年期债券　　D　2年期应收账款

6. 关于固定资产的说法正确的是(　　)。

A　企业为资产保值增值而持有的

B　价值达到一定标准的

C　货币性资产

D　使用时间超过18个月的

7. 关于不属于固定资产特点的是(　　)。

A　价值较高　　B　持有时间较长

C　可以是长期持有的国债　　D　为生产经营所持有

8. 某公司购入设备1台，价款1万元、运输费0.01万元、包装费0.2万元、安装成本0.1万元，以下关于成本计算正确的是(　　)。

A　1万元　　B　1.31万元　　C　1.2万元　　D　1.3万元

9. 下列关于“自行建造固定资产”说法正确的是(　　)。

A　包括自营建造和出包建造两种方式

B　成本中不包括人工成本

C　成本中不包括借款费用

D　成本中不包括各项税费

10. 某公司自行建造厂房 1 台，工程用物资 200 万元、人工成本 10 万元、税金 5 万元、保险费 10 万元，以下关于成本计算正确的是(　　)。

A　210 万元　　B　215 万元　　C　205 万元　　D　225 万元

11. 下列关于“融资租赁”说法正确的是(　　)。

A　实质上并未转移与资产所有权有关的全部风险和报酬

B　所有权最终一定转移

C　所有权最终不会转移

D　所有权最终可能转移，也可能不转移

12. 下列关于“固定资产折旧”说法正确的是(　　)。

A　企业在使用寿命内的任何固定资产都要提折旧

B　企业在用的任何固定资产都要提折旧

C　确定后的折旧方法可以变更

D　企业超过使用寿命的固定资产可以提折旧也可以不提折旧

13. 下列在计提折旧中错误的是(　　)。

A　按月计提折旧

B　连续无间断计提折旧

C　折旧计提足额后继续计提折旧

D　当月增加的固定资产当月不计提折旧

14. 不属于固定资产折旧计提方法的是(　　)。

A　平均年限法　　B　工作年限法

C　工作量法　　D　年数总和法

15. 下列说法正确的是(　　)。

A　当月减少的固定资产，当月不计提折旧

B　固定资产的折旧方法一经确定，可以根据实际业务进行变更

C　使用寿命是指固定资产确定使用的期限

D　净值也称折余价值

16. 下列关于折旧计提的说法正确的是(　　)。

A　年数总和法是将固定资产的原值减去残值后的净额乘以一个逐年递增的分数计算每年的折旧额

B　双倍余额递减法是在考虑固定资产残值的情况下，按双倍直线折旧率和固定资产净值来计算折旧的方法

C　工作量法是根据实际工作量计算每期应提折旧额的一种方法

D　采用此法，应当在其固定资产折旧年限到期前 3 年内，将固定资产净值扣除预计净残值后的净额平均摊销

17. 对于固定资产减值准备，下列说法正确的是(　　)。

A　固定资产发生损坏、技术陈旧或者其他经济原因，导致其账面价值低于其可回收金额，这种情况称之为固定资产减值

B　账面余额是指账面暂估余额

C　账面余额不扣除作为备抵的项目

D　可收回金额的确认采用孰低原则

18. 关于企业固定资产后续支出说法正确的是(　　)。

A　固定资产发生的可资本化的后续支出，通过“固定资产”科目核算

B　与固定资产有关的修理费用等后续支出，符合固定资产确认条件的，应当根据不同情况分别在发生时计入当期管理费用或销售费用。

C　与固定资产有关的更新改造等后续支出，符合固定资产确认条件的，应当计入在建工程

D　是指固定资产在使用过程中发生的更新改造支出、修理费用等

19. 关于水费收入发行报表的描述，不正确的是(　　)。

A　发行报表反映一段时间内的企业水量收入情况

B　按照单价分类

C　同时反映当期和往期情况

D　涉及金额和用水量

20. 关于水量统计，描述不正确的是(　　)。

A　按照实际财务和业务需要

B　涉及当期和往期的所有类型水量和水费统计和汇总

C　围绕主营业务收入所对应的水量

D　将水费统计报表进行账务处理后形成结果

21. 关于非抄见补收回收报表（台账）的描述，不正确的是(　　)。

A　反映正常抄见发行之外的补收情况

B　只涉及当期的水量情况

C　按照不同单价进行细分

D　同时涉及当期和往期的水量情况

22. 关于水量、水费调整台账的描述，不正确的是(　　)。

A　仅涉及当期水量和金额

B　按照单价分类

C　同时反映当期和往期情况

D　涉及金额和用水量

23. 属于水量、水费调整台账反映的数据是(　　)。

A　用户缴费情况

B　不同期间的水量、水费情况

C　用户缴费方式

D　是否已开具增值税专用发票

24. 不属于财务报表的是(　　)。

A　资产负债表　　　　B　科目余额表

C　损益表　　　　D　现金流量表

25. 反映企业资产、负债资本的期末状况的报表是(　　)。

A 损益表
B 利润表
C 资产负债表
D 科目余额表

26. 反映企业现金流量来龙去脉的报表是(　　)。

A 科目余额表
B 资产负债表
C 利润表
D 现金流量表

27. 下列不属于自来水企业营业所财务核算特点的是(　　)。

A 作为非独立核算的机构部门，财务核算的内容只反映经营成果的会计要素
B 财务核算的程度仅包括会计核算全过程中的部分环节
C 营业所的水费账务处理以银行提供的实际入账报表数据为依据
D 账务处理的结果为企业提供数据支持，反映企业的经营状况

28. 下列说法正确的是(　　)。

A 应交税费中包括应交增值税及附加和营业税
B 水费销售收入主要是自来水收入，应设置“主营业务收入”科目，用于核算
C 自来水销售成本包括销售费用、管理费用、财务费用等，可以统一设置“管理费用”科目进行核算
D 产品销售利润为产品销售收入减去产品销售成本及费用、税金后的净收入，采用“未分配利润”科目进行核算

29. 下列说法错误的是(　　)。

A 作为非独立核算的机构部门，财务核算的内容只反映经营成果的会计要素
B 财务核算的程度仅包括会计核算全过程中的部分环节
C 营业所的水费账务处理以银行提供的实际入账报表数据为依据
D 账务处理的结果为企业提供数据支持，反映企业的经营状况

30. 下列说法正确的是(　　)。

A 自来水企业的成本控制除了一般企业日常内部成本的耗费外还有一部分是财务费用
B 企业的资金计划可以保证5%的浮动率
C 企业资金计划的编制一般采用按年预算，按季度配比提请的模式
D 资金计划的申报可以满足企业日常运营需要，但是难以应对日常突发情况

31. 下列说法正确的是(　　)。

A 财务核算信息的产生是一个连贯不停的过程
B 企业核算信息是对过去经营和经营成果的归纳总结，但不涉及对于未来生产计划的制订
C 财务指标、财务报表、财务分析等从业务和财务角度分析了企业的运营状况
D 企业核算信息是对现在经营和经营成果的归纳总结

32. 下列不属于“水价”构成的是(　　)。

A 纯水价
B 水资源税
C 增值税
D 营业税

33. 关于水费账务的描述，不正确的是(　　)。

A 自来水企业的财务部门会对自来水主营业务采取专项核算

B　自来水企业的财务部门对自来水核算采取统一核算的模式

C　对水费专项核算可以及时准确全面反映相关情况

D　水费账务处理对企业经营方针起到指导作用

34. 下列说法错误的是(　　)。

A　水费账务与自来水企业财务管理密不可分

B　全国各地自来水企业处理水费账务主要采取计算机处理的方式

C　自来水的销售及销售收入的回收，对自来水企业的再生产和持续发展壮大很重要

D　全国各地自来水企业处理水费账务主要采取手工处理和计算机处理的方式

35. 下列属于现金使用范围的是(　　)。

A　需要支付货款 18000 元

B　利用银行代发薪酬 50000 元

C　退用户水费 2600 元

D　退用户水费 500 元

36. 下列属于票据结算范围的是(　　)。

A　银行汇票缴费　　　　B　移动客户端缴费

C　电子银行缴费　　　　D　外地用户采用支票缴费

37. 下列说法错误的是(　　)。

A　为了方便用户及时缴纳水费，自来水企业通常在供水范围内根据地区设置营业网点或柜面收取水费自来水企业每个营业网点或柜面除收取本地区的水费外，还可以兼收供水范围内其他地区的水费

B　当天收款结束后，通过营收系统打印个人当天收费报表，由每位收款员核对各项收款情况是否与实际一致

C　自来水企业每个营业网点或柜面只能收取本地区的水费，不可以兼收供水范围内其他地区的水费

D　收费人员需将所有收费单据回执与当天的 POS 机刷卡单和个人收费报表归集、整理好，作为当天的收费凭证上交财务进行会计处理

38. 下列说法正确的是(　　)。

A　对于用户支票退票，由经办网点和经办收款人员进行水费追缴，一般当月退票，当月需追缴完毕

B　发票存根联由财务人员保存

C　第三方代为收费主要为银行代收和第三方零售渠道代收的方式

D　存在往期欠费或退票未处理的用户，仍然可进行下一期水费收费

39. 下列不属于自来水企业自身出具票据的是(　　)。

A　自来水企业冠名纸质发票　　　　B　自来水企业增值税普通发票

C　自来水企业增值税专用发票　　　　D　代收垃圾费收据

40. 下列说法正确的是(　　)。

A　在推行增值税电子普通发票后，自来水企业可根据用户需求继续提供原自制冠名纸质发票

B　随着时代的发展，自来水企业冠名纸质发票正在逐渐退出使用范围

C　增值税电子普通发票只有电子凭据，不能自主打印

D　增值税电子发票包括增值税普通发票和增值税专用发票

41. 不属于自来水企业冠名纸质发票特点的是(　　)。

A　可以重复打印　　B　由自来水企业报批后自行印制

C　不可以生成电子凭据　　D　遗失不补

42. 由自来水企业自身出具，可以重复生成、打印的票据是(　　)。

A　增值税电子普通发票　　B　自来水企业冠名纸质发票

C　增值税纸质专用发票　　D　代收垃圾费收据

43. 下列关于增值税专用发票说法正确的是(　　)。

A　项目填写齐全，全部联次可分开填开

B　专用发票开具后因购货方不索取而成为废票的，可直接撕毁作废

C　字迹清楚，不得涂改

D　发票联和抵扣联加盖单位公章或发票专用章

44. 下列关于增值税专用发票各联用途，说法错误的是(　　)。

A　第一联为记账联，是销货方核算销售额和销项税额的主要凭证，即销售方记账凭证

B　第二联为税款抵扣联，是购货方计算进项税额的证明，由购货方取得该联后，按税务机关的规定，依照取得的时间顺序编号，装订成册，送税务机关备查

C　第三联为发票联，收执方作为付款或收款原始凭证，属于商事凭证，即购买方记账凭证

D　以前，增值税专用发票还有三联和二联之分。现在我国普遍采用税控机开具增值税专用发票，增设了发票联，因此一般都是三联的发票

45. 下列关于水费销账的说法错误的是(　　)。

A　目前各地自来水企业采用的主要是由营收系统直接销账

B　目前各地自来水企业采用的主要是由营收系统直接销账和人工销账两种方法

C　营收系统直接销账主要应用于第三方代收水费和网上收费的情况

D　当用户到营业网点柜面、用户通过网银直接将水费款项汇入自来水企业的账户时，需要收费人员进行人工销账

46. 下列不属于营收系统直接销账优点的是(　　)。

A　及时、准确地与第三方数据进行对接、核对，不需要人工手工进行比对、核销，大幅提高操作速度

B　销账资料月底统一打印，便于装订

C　快速查找差错并纠正，省却人工销账的繁琐步骤

D　自动生成报表，便于进行财务核算

47. 下列关于收费日报说法错误的是(　　)。

A　是以一个收费工作日为期间的销售水费收入的汇总报表

B　是对于当天销账工作的总结

C　显示实时销账过程的结果

D　当天的销账工作结束后，都必须打印或填写收费情况日报表

48. 下列不属于收费人当天收费凭证列示内容的是(　　)。

A　票据类型　　B　现金

C　支票　　D　暂收

49. 个人开票收据清单中需要填列的项目是(　　)。

A　暂收　　B　保证金

C　支票　　D　票据号码

50. “违约金”需要填列的表格是(　　)。

A　个人开票收据清单　　B　收费情况日报表

C　收费人当天收费凭证　　D　个人开票清单

51. 不属于收费员日常工作基本表格的是(　　)。

A　个人开票收据清单　　B　欠费信息情况表

C　收费人当天收费凭证　　D　个人开票清单

52. 下列关于欠费信息情况表及其内容，描述正确的是(　　)。

A　自来水企业，其他应收账款是衡量自来水企业经营成果的重要指标之一

B　每月期末的“欠费信息情况表”全方位列示了自来水企业当月的水费欠费情况

C　欠费信息情况表的数据是恒定不变的

D　月末收费结束后的统计数据反映当期期初及期末的实际欠费信息

53. 下列不属于欠费信息情况表功能的是(　　)。

A　可以了解企业应收账款状况

B　为企业合理制定追欠计划提供依据

C　便于分析企业实时回收状况

D　便于分析企业实时欠费状况

54. 下列关于收费资料归档，说法正确的是(　　)。

A　报表一式两份，分为留存联和记账联

B　报表一式三份，分为留存联、上报联和记账联

C　报表因系统中有电子档，故只打印一联记账联

D　报表一式两份，分为上报联和记账联

55. 下列水费期末欠费，说法错误的是(　　)。

A　水费期末欠费，从财务的角度来说，即“应收账款期末余额”

B　从数值上说：本期水费期末欠费＝上期水费期末欠费＋本期水费发行金额－本期水费收回金额

C　自来水企业财务应于每月末最后一个工作日收费工作结束后，进行当期水费欠费的统计、整理，并编制欠费分类报表

D　应收账款和其他应收款期末余额，是衡量自来水企业水费回收情况、财务运转情况的重要经济指标

56. 关于水费报溢描述正确的是(　　)。

A　包含应收账款在内　　B　可以是短期

C　无人暂收款　　D　属于比较少见的情况

57. 办理水费调整时，不属于需要填列的数据(　　)。

A　用户号　　B　调整期间

C　水量和金额　　D　缴费方式

58. 进行差价调整时，错误的是(　　)。

A　用户号　　B　调整期间

C　水量和金额　　D　收款方式

59. 办理历史水费调整时，不属于需要填列的数据(　　)。

A　涉及期间　　B　缴费方式

C　相关垃圾费用　　D　当期水量/当期金额

60. 关于历史水量减免的账务处理，描述错误的是(　　)。

A　涉及非今年发生的往期水量　　B　涉及金额调整

C　影响当期水量　　D　不影响当期水量

61. 关于内漏水量减免，描述正确的是(　　)。

A　由用户自身内部用水设备漏水造成

B　仅涉及当期水量和金额

C　既涉及当期水量和金额，又涉及往期水量和金额

D　不影响当期水量

62. 办理内漏水费调整时，不属于需要填列的数据(　　)。

A　涉及期间　　B　是否已开具增值税专票

C　相关垃圾费用　　D　当期水量/当期金额

63. 在办理资料差错水量减免业务时，描述不正确的是(　　)。

A　账务处理不同于正常水费减免

B　对于企业原因造成的资料差错，要积极与用户沟通解决

C　办理水量调减的同时要将资料更正

D　对于用户资料加强后续管理

64. 办理资料水费调整时，属于用户需要提供的数据(　　)。

A　缴费方式　　B　是否已开具增值税专票

C　水表信息　　D　涉及期间

65. 当处理重大的往年对公用户水费调整时，我们应当尤其注意以下哪个方面(　　)。

A　用户的产权人、地址等基本信息是否恰当

B　当缴费单位与退款单位不一致时，是否附有恰当表述的缴费单位情况说明

C　业务受理单上是否有用户单位加盖的公章

D　退款方式

二、多选题

1. 下列说法正确的有(　　)。

A　自来水销售，最终要以实物形式实现价值

B　自来水销售，是自来水企业的主要收入来源

C　“销售收入”即“主营业务收入”

D　“销售收入”是“售水量”落实在实物上的体现

E　“销售收入”最终以货币形式体现

2. 关于“水量”描述正确的有(　　)。

A　包括当期抄见的水量

B　涉及当期调整（核减/退）水量

C　由抄表人员根据实际抄表字码数据导入“营业收费系统”

D　“销售收入”是“售水量”落实在货币上的体现

E　“售水量发行表”中的“水量”涵盖往期水量调整数据

3. 关于固定描述正确的有(　　)。

A　自来水企业中与行业最息息相关、最重要的固定资产之一是水表

B　固定资产成本既包括直接成本也包括间接成本

C　对于特殊行业的特定固定资产，确定其初始入账成本时还应考虑弃置费用

D　企业应当按照弃置费用的估值计入相关固定资产成本

E　企业自行建造的厂房属于固定资产

4. 下列说法错误的有(　　)。

A　购买固定资产的价款超过正常信用条件延期支付，实质上具有融资性质

B　购买固定资产时产生的借款利息、外币借款折算差额不计入固定资产成本

C　涉及弃置费用的，企业应当按照弃置费用的公允价值计入相关固定资产成本

D　外购固定资产分为购入不需要安装的固定资产和购入需要安装的固定资产两类

E　固定资产一般具有使用年限较长、单位价值较高的特点

5. 下列关于“自行建造固定资产”说法正确的有(　　)。

A　包括自营建造和出包建造两种方式

B　在建工程应当按照实际发生的支出确定其工程成本，各项可以合并核算

C　工程完工后剩余的工程物资，按其实际成本或计划成本转作企业的库存材料

D　是为获得收入而付出的相应代价

E　自行建造固定资产，按建造该项资产达到预定可使用状态前所发生的必要支出，作为入账价值

6. 下列属于企业自行建造固定资产成本的有(　　)。

A　实际支付的物资成本　　B　不能抵扣的增值税税费

C　运费及人工成本　　D　可以抵扣的增值税税费

E　应予资本化的借款费用

7. 下列属于企业自营工程成本的有(　　)。

A　融资租赁费用　　B　直接材料费用

C　直接人工成本　　D　直接机械施工费用

E　工程价款

8. 下列属于固定资产折旧方法的有(　　)。

A　双倍余额递减法　　B　工作量法

C　年限平均法　　D　年数总和法

E　加权平均法

9. 下列说法正确的有（　　）。

A　当月增加的固定资产，当月不计提折旧，从下月起计提折旧

B　提前报废的固定资产，需要补提折旧

C　当月减少的固定资产，当月仍计提折旧，从下月起停止计提折旧

D　固定资产提足折旧后，不管能否继续使用，均不再提取折旧

E　当月增加的固定资产，当月计提折旧

10. 下列说法错误的有（　　）。

A　企业应当在每季末，对固定资产的使用寿命、预计净残值和折旧方法进行复核

B　使用寿命预计数与原先估计数有差异的，应当调整固定资产使用寿命

C　使用寿命预计数与原先估计数有差异的，应当调整固定资产折旧方法

D　净残值预计数与原先估计数有差异的，可以不进行调整

E　双倍余额递减法实施的前提是不考虑固定资产残值

11. 下列关于企业固定资产减值准备说法错误的有（　　）。

A　固定资产发生损坏、技术陈旧或者其他经济原因，导致其可收回金额低于其账面价值，这种情况称之为固定资产减值

B　如果固定资产的可收回金额低于其账面价值，应当按可收回金额低于其账面价值的差额计提减值准备，并计入当期损益

C　可收回金额的确认采用孰低原则

D　计提减值基本思路是，固定资产的账面价值与公允价值相比较

E　账面价值是指账面余额减去相关的备抵项目后的净额

12. 下列企业计提折旧说法正确的有（　　）。

A　采用双倍余额递减法应当在其固定资产折旧年限到期前两年内，将固定资产公允价值扣除预计净残值后的净额平均摊销。

B　直线法是指将固定资产的应计折旧额均衡地分摊到固定资产预计使用寿命内的一种方法

C　工作量法是根据实际工作量计算每期应提折旧额的一种方法

D　年数总和法是将固定资产的原值减去残值后的净额乘以一个逐年递增的分数计算每年的折旧额

E　一般运用最多的是直线法

13. 下列属于财务报表的有（　　）。

A　资产负债表　　　　B　现金流量表

C　财务状况变动表　　D　财务报表附注

E　损益表

14. 下列属于损益表所反映的内容有（　　）。

A　本期企业收入

B　企业长期偿债能力，短期偿债能力和利润分配能力

C　应该记入当期利润的利得和损失的金额和结构情况

D　企业资产、负债及资本的期末状况

E　本期企业费用

15. 现金流量表反映企业的生产经营活动有（　　）。

A　经营活动　　　　B　投资活动

C　生产活动　　　　D　营销活动

E　筹资活动

16. 下列说法正确的有（　　）。

A　自来水销售成本包括销售费用、管理费用、财务费用等，可以合并设置“销售费用”或“管理费用”科目进行核算

B　企业收取的用户缴纳的用水违约金，应设置“营业外收入”进行确认

C　有些地区的自来水企业在销售自来水之外，还收取自来水缴费卡的补卡费用，这部分收入就列入“营业外收入”进行核算

D　应收账款作为自来水企业中最重要的考核指标之一，由企业纳入“应收账款”科目进行核算，同时应按年限进行区分

E　自来水销售利润为产品销售收入减去产品销售成本及费用、税金后的净收入，采用“本年利润”科目进行核算

17. 下列说法正确的有（　　）。

A　根据权责发生制原则，自来水收入以销售行为的发生时点作为收入确认的时点

B　销售收入产生后，财务人员根据营业收费系统中的回收报表进行应收账款回收的财务处理

C　期末，在销售收入、费用、税金都已经记录完整、清楚后，无需进行借贷方抵消便可得出本期利润

D　一般情况下，产生成本费用时计入相应的科目

E　一般情况下，当期结束时将费用结转入未分配利润科目，期末销售费用、管理费用和财务费用均无余额

18. 下列关于阶梯用水说法正确的有（　　）。

A　特点是用水越多，水价越贵

B　阶梯水价采取以家庭为单位

C　一定人口范围内的家庭，用水量每上一个阶梯，单价上浮一定幅度的计价方式

D　目的是充分发挥市场、价格因素在水资源配置、水需求调节等方面的作用，节约用水

E　民用水中，我国绝大多数地区实行阶梯水价的计价模式

19. 下列属于水价构成的有（　　）。

A　纯水价　　　　B　污水处理费

C　水资源费　　　　D　增值税

E　营业税及消费税

20. 下列属于自来水企业收款方式的有（　　）。

A　自来水企业自行收款　　　　B　第三方代为收款

C　用户自行上门缴纳　　　　D　网上收款

E　用户通过网上银行直接汇款

21. 下列属于自来水企业柜面收费方式的有（　　）。

A　现金
B　支票
C　POS 机
D　移动缴费
E　其他票据

22. 下列属于自来水企业自行收款方式的有(　　)。

A　网点柜面收费
B　上门收费
C　用户前往超市等商业渠道缴费
D　用户前往银行等金融渠道缴费
E　用户采取代扣的方式缴费

23. 下列属于支票退票原因的有(　　)。

A　对方银行存款不足
B　账号与户名不相符
C　金额大小写不相符
D　支票进账单与支票金额不相符
E　使用的笔墨不符合银行要求

24. 下列属于第三方代为收款的有(　　)。

A　银行网点
B　超市
C　用户到自来水企业网上营业厅缴费
D　电信客户端
E　自来水企业微信公众号

25. 下列属于增值税电子普通发票优点的有(　　)。

A　可以重复打印
B　可以留存电子档
C　便于及时统计数据、发现涉税问题
D　降低成本、环保
E　降低用户收到假发票风险

26. 下列关于增值税专用发票各联说法正确的是(　　)。

A　第一联为记账联，是销货方核算销售额和销项税额的主要凭证，即销售方记账凭证
B　第二联为税款抵扣联，是购货方计算进项税额的证明，由购货方取得该联后，按税务机关的规定，依照取得的时间顺序编号，装订成册，送税务机关备查
C　第三联为发票联，收执方作为付款或收款原始凭证，属于商事凭证，即购买方记账凭证
D　以前，增值税专用发票还有三联和二联之分。现在我国普遍采用税控机开具增值税专用发票，增设了发票联，因此一般都是三联的发票
E　发票联和抵扣联加盖单位公章或发票专用章，不得加盖其他财务印章

27. 下列属于人工销账的注意事项有(　　)。

A　是否有往期水费欠费，如有往期水费，请用户将往期水费结清后缴纳当期水费，原则上不跨越期间销账
B　将当期水费欠费金额告知用户，同时收取用户相应金额或支票，支票需在营收系统中录入开户银行和支票号，若用户是网银汇款用户，要检查用户汇款单回执上时间是否与欠费期间一致
C　接受用户缴纳的现金、支票、POS 机刷卡缴费或网银汇款回执时唱收唱付，尤其对于用户网银汇款回执上的金额要仔细核对，金额不一致时，在确认汇款期

间和收款账号无误的情况下，对于多款开具暂收款，少款要求用户补齐或不予销账

D　水费发票原则上只开具一次，系统显示发票状态为“已开具”并备注了发票编号的缴费状态不再进行发票的补打，用户缴费后确未打印发票的，可以进行发票打印

E　支票退票后及时在营收系统中加以备注或恢复用户的欠费状态，后续进行欠费追缴

28. 下列属于收费人当天收费凭证内容的有(　　)。

A　开票类型　　B　收费方式

C　收费笔数　　D　收费金额

E　保证金

29. 下列属于个人开票收据清单内容的有(　　)。

A　开票类型　　B　票据号码

C　收费方式　　D　开票项目

E　票据状态

30. 下列属于个人收费清单内容的有(　　)。

A　水费所属期间　　B　水费所属收费点

C　收费金额　　D　票据状态

E　票据号码

31. 下列属于欠费信息情况表内容的有(　　)。

A　户号　　B　开票状态

C　水费欠费期间　　D　基本水费

E　代收费金额

32. 下列说法正确的有(　　)。

A　水费期末欠费，从财务的角度来说，即“应收账款期末余额”

B　从数值上说：本期水费期末欠费＝上期水费期末欠费＋本期水费发行金额－本期水费收回金额

C　自来水企业财务应于每月末最后一个工作日收费工作结束后，进行当期水费欠费的统计、整理，并编制欠费分类报表

D　水费应收账款期末余额，是衡量自来水企业水费回收情况、财务运转情况的重要经济指标之一

E　水费期末欠费表可以作为当期水费期末欠费核对的重要依据

33. 下列属于欠费汇总情况表内容的有(　　)。

A　水价类别　　B　开票状态

C　水量　　D　期间

E　金额

34. 下列关于违约金的说法正确的有(　　)。

A　用户缴纳逾期的水费欠费时还应缴纳一定金额的违约金

B　每逾期一天，根据实际欠费金额按一定比例收取，以此类推，上不封顶

C　用户来缴纳逾期水费时，营收系统中会自动测算出用户需缴纳的违约金金额

D　自来水企业收取违约金不是手段，目的是制约用户的逾期缴费行为

E　违约金收取情况，可以从一个侧面反映出企业水费回收的情况

35. 下列关于报损和报溢的说法正确的有（　　）。

A　报损是指应收的水费，因种种原因，如无经济来源、死亡、被捕、外迁、小区改造早已完毕等，经调查确实无法再实施回收的可能性，并得到相关部门的证实，填写报告，按照一定流程请相应级层领导批准后，可以报损

B　报损一般由经办人按照实际批复的水量和金额填写报损凭证

C　报损凭证一式三联

D　报溢是指应收账款以外的长期无人暂收款作为公司溢收入

E　报损和报溢，是自来水企业在实际运作中出现的特殊情况

36. 下列关于调整和减免的说法正确的有（　　）。

A　减免分为核减和核退两种情况

B　核减当期时，影响售水量和水费收入，核减往期时，则不影响售水量，但影响收入

C　办理水费核减时，应由相关业务人员核实情况后填写水费核减申请表

D　核退当期时，影响售水量和水费收入，核退往期时，则不影响售水量，但影响收入

E　水费核退申请表一式三联

37. 下列关于预存水费的说法正确的有（　　）。

A　预存水费指用户在自愿情况下可以将一定金额存入自己在自来水企业的户号中，作为缴纳以后期间的水费

B　自来水企业的营收系统中设有预存水费模块，记录预存水费收取情况和销账情况

C　财务系统中设有预存水费科目，用户缴纳预存水费和预存水费销账时进行增加或扣减的账务处理

D　预存水费可以由用户自行存入一定的金钱，也可以在用户的认可下将用户前期的暂收款或支票多款等转存入预存水费项目

E　预存水费不可再退还给用户

38. 下列属于暂收项目的有（　　）。

A　用户缴纳的支票多款

B　用户的预存水费

C　用户所欠水费金额巨大，在与自来水企业协商一致后按期缴纳一定数额的费用，待满足销账条件后进行核销，此时尚未核销的金额

D　用户重复缴费或在银行委托收款过程中重复扣款

E　用户自行汇入自来水企业账户却未告知，且经多方查找无法联系到用户的款项

39. 下列关于水费账单说法正确的有（　　）。

A　每月抄表后，通过水费开账，产生水费账单，水费账单标明抄表周期内用户所产生的用水量和应缴水费。

B　采用手工开账可在发行水量时将水费账单开好交给用户

C　采用手工开账可在抄表时当即将水费账单开好交给用户
D　抄表后由计算机营收系统软件进行水费账务处理，而后通过短信、电子邮件、供水企业微信号等方式推送电子账单给用户
E　电子账单便于随时查阅，并可以随时掌握和分析历史用水量的走势和水费缴纳情况

40. 下列属于催缴水费时的注意事项有(　　)。
A　催缴人员对欠费资料要进行核对，避免差错
B　首先对用户要文明礼貌，态度和气，要注意方法
C　核对欠费情况，弄清欠费原因
D　对遗忘缴费的应催促其尽快付款。对因自身原因坚持不肯付费的用户应向其宣贯说明供水企业的规章制度，仍然催缴无效的，再根据有关规定处理
E　对用户已付款而公司尚未收到的，应从用户的付款收据中摘录其付款日期、收款单位、收款人，及时向有关方面查询

三、判断题

(　　) 1. 所有构成当期/当月水量发行的数据均为当年数据。

(　　) 2. “水量收入”报表反映了水量与水价、水量与收入、收入与税金之间的勾稽关系。

(　　) 3. 固定资产应该按照成本进行初始计量。

(　　) 4. 固定资产的成本除价款外还包括包装费、安装成本等，但是不含运杂费。

(　　) 5. 企业自行建造固定资产包括自营建造和合营建造两种方式。

(　　) 6. 融资租赁是实质上尚未转移与资产所有权有关的全部风险和报酬的租赁。

(　　) 7. 在建工程应当按照实际发生的支出确定其工程成本，并单独核算。

(　　) 8. 企业的自营工程，应当按照直接材料、直接人工、直接机械施工费等计量。

(　　) 9. 投资者投入固定资产的成本，应当按照投资合同或协议约定的价值确定，但合同或协议约定价值不公允的除外。

(　　) 10. 当月增加的固定资产当月计提折旧。

(　　) 11. 采用双倍余额递减法计提折旧，应当在其固定资产折旧年限到期前两年内，将固定资产净值扣除预计净残值后的净额平均摊销。

(　　) 12. 计提减值基本思路是，固定资产的账面价值与可收回金额相比。

(　　) 13. 某企业本月购入大型设备价值 1 万元，摊销年份 5 年，采用直线法计提折旧，则本月应计提折旧 166.67 元。

(　　) 14. 目前，各地自来水企业处理水费账务主要采取手工处理和计算机处理的方式。

(　　) 15. 非抄见补收水费回收报表（台账）反映的全部为当期数据。

(　　) 16. 科目余额表属于财务报表。

（　　）17. 自来水销售成本包括销售费用、管理费用、财务费用等，相应地设置“销售费用”“管理费用”“财务费用”科目分别核算。

（　　）18. 自来水企业开具专用发票后因购货方不索取而成为废票的，也应按填写有误办理，不得直接撕毁作废。

（　　）19. 第三方代为收费主要为银行代收和第三方零售渠道代收的方式。主要依托于其遍布的网点和便捷的渠道。

（　　）20. 对于用户支票退票，由经办网点和经办收款人员进行水费追缴，一般当月退票，隔月需追缴完毕。

（　　）21. 销账后打印出来的报表均为一式两份，分别为留存联和记账联。

（　　）22. 欠费信息情况表是一张动态报表，随着收费的进行反映期初和期末欠费情况，月末收费结束后的统计数据则反映当期期末的实际欠费信息。

（　　）23. 报溢要由经办人填制报溢凭证，一式三联，进行相应留存和处理。

（　　）24. 水费账单送发的方式有用户自行上门领取、手工开账后上门送发及电子账单推送的方式。

（　　）25. 无论是传统的手工开账方式还是电子化账单的推送，都必须做到及时、准确、妥善。

（　　）26. 水费回收率根据统计管理周期的不同可分为水费当年实时回收率和水费当月回收率。

（　　）27. 做好欠费统计分析是进行科学有效水费催缴的前提。

四、简答题

1. 请简述“水量”及其包含项目内容。
2. 请简述“固定资产”及其初始计量原则。
3. 请简述企业自行建造固定资产时的成本构成。
4. 请列举固定资产折旧计提的方法。
5. 请简述企业在什么情况下需要计提固定资产减值准备。
6. 请简述固定资产后续支出及如何确认。
7. 请简述“水费统计”的内容，并列举出日常填报的相关报表有哪些。
8. 请简述财务核算的特点。
9. 请简述水费账务与财务的关系。
10. 请简述收缴用户支票时发生退票的原因和处理方式。
11. 请简述自来水企业目前的收款方式有哪些。
12. 请简述由自来水企业开具的增值税电子普通发票内容及其特点。
13. 请简述水费销账的两种方法。
14. 请简述收费日报表及其包括的样式和种类。
15. 请简述水费期末欠费汇总与财务的关系。
16. 请简述自来水企业的暂收款项目及其内容。
17. 请简述企业催缴欠费的方式。

五、综合分析题

某公司购入大型设备一台，设备售价 100000 元，运输费用 10000 元，人工安装费用 10000 元，其余费用不计。预计使用寿命 5 年，预计净残值率 5%，采用年限平均法计提折旧，请计算：（1）设备成本；（2）年折旧率；（3）设备月折旧率；（4）设备月折旧额。

第8章　供水营销重要经营指标的分析预测

一、单选题

1. 关于售水量，下列说法正确的是(　　)。

A　售水量是指抄表员抄见的水量　　B　供水量与售水量之差即为管网损漏

C　产销差是指供水量与售水量之差　　D　售水量就是出厂水量

2. 水量平衡表中，关于合法的用水量，下列描述正确的是(　　)。

A　合法用水量全部是收益水量

B　合法用水量包括未收费已计量的用水量

C　消防灭火用水量未计量部分不属于合法用水量

D　合法用水量即收费水量

3. 下列哪种售水量统计方式可以更好地分析管网漏控工作成效(　　)。

A　按用户职业分类统计　　B　按水表口径统计

C　按欠费类型统计　　D　按管网分布统计

4. 从各营销分公司居民楼用户中分别抽取一定量的用户，进行用水量情况调查，以推断居民楼房用户售水情况，这种调查属于(　　)。

A　典型调查　　B　抽样调查

C　全面调查　　D　普通调查

5. 进行售水量的同期对比分析时，首先应对数据按(　　)进行整理。

A　抄表日期　　B　用户地址

C　用水性质　　D　水表号

6. 在进行售水量分析时，如果发现售水量不跟随(　　)同向同比例变化，则要尽快查找影响售水量变化的因素，加大售水量管控力度。

A　预测情况　　B　企业年初的指标

C　用户情况　　D　供水量

7. 供水量与售水量的走势应趋于一致，是基于假定(　　)而言的。

A　计算时间的一致性　　B　管网漏损率恒定

C　用户用水情况不变　　D　经营指标设定值不变

8. 在进行售水量同比分析时，可以不考虑以下哪个因素对售水量变化的影响(　　)。

A　供水量变化　　B　季节气候变化

C　抄表质量因素　　D　用水特点变化

9. 在进行售水量环比分析时，要特别考虑以下哪个因素对售水量变化的影响(　　)。

A　供水量变化　　B　季节气候变化

C　抄表质量因素　　D　用水特点变化

10. 在进行售水量分析时要特别注意一些重大的特殊事件对售水量的影响，其主要是应用在(　　)。

A　售水量同比分析中　　B　售水量环比分析中

C　售水量与供水量的对比分析中　　D　月度售水量的分析中

11. 在进行售水量分析时，户均售水量同比或环比分析主要应用在(　　)。

A　大用户用水分析时　　B　居民户表用水分析时

C　生产经营用水分析时　　D　非居民用水分析时

12. 进行户均用水量分析的主要意义在于(　　)。

A　可以掌控户表的抄见质量　　B　可以发现户表的违章用水

C　可以提高居民用水量水平　　D　可以增加户表水量占比

13. 居民户表的有效户均水量是指去除(　　)的户表平均用量。

A　大水量用户　　B　空关房用户

C　大口径水表　　D　特种用水户

14. 售水量预测是在(　　)的基础上开展的。

A　供水量　　B　售水量分析

C　售水量指标　　D　财务分析

15. 售水量预测必须建立在(　　)的基础上。

A　经验　　B　科学

C　讨论　　D　想象

16. 进行年度售水量预测的主要目的是(　　)。

A　为老旧管网更新提供依据　　B　为水价调整提供依据

C　为检漏修漏提供依据　　D　为确定年度经营指标提供依据

17. 进行月度售水量预测的意义在于(　　)。

A　分解落实年度售水量指标　　B　确保水费回收指标的完成

C　与见表率指标直接相关　　D　提升对外服务水平

18. 用水大户的月度售水量可以根据(　　)预测并实时修正。

A　用户生产情况　　B　用水价格变化情况

C　远传系统数据　　D　爆管抢修事件

19. 大表远传系统的数据校核应由(　　)。

A　抄表员进行机表现场校核　　B　完全由系统自动进行

C　完全由设备供应商负责　　D　完全由用户承担全部责任

20. 下列用水量中，可用于计算产销差率的是(　　)。

A　消防队训练使用的已计量但未收费的水量

B　市政洒水车使用已计量未收费部分水量

C　水厂自用水的计量水量

D　合法的未计量但已收费的水量

21. 对供水进行区域划分，实行分区计量的目的是(　　)。

A　销售水量的需要　　B　降差工作的需要

C　催缴水费的需要　　D　客户服务的需要

22. 在水量平衡表中，不属于真实漏损组成的是(　　)。

A　因用户计量误差和数据处理错误造成的损失水量

B　输配水干管漏失水量

C　蓄水池漏失和溢流水量

D　用户支管至计量表具之间的漏失水量

23. 某封闭小区在进水装有一只总管理表，2019 年 4 月抄见月用量为 5400t，同步抄见小区居民用户水量 4200t，抄见小区门面房商业用水 600t；管理表远传夜间最小流量小于 1t/h。则小区损漏率为(　　)。

A　11.11%　　　　B　22.22%

C　88.89%　　　　D　77.78%

24. 某供水企业 2019 年供水总量为 2.37 亿 t，售水量中抄见水量为 2.09 亿 t，非抄见补收水量为 0.12 亿 t，则此供水企业 2019 年产销差率为(　　)。

A　6.75%　　　　B　11.81%

C　88.19%　　　　D　93.25%

25. 管理表发行的水量远远大于期间下属用户的水量总和，这说明(　　)。

A　可能存在内部管线漏水　　　　B　可能存在用户偷水的现象

C　管理表可能存在故障　　　　D　下属用户统计遗漏

26. 损漏率与产销差率的关系是(　　)。

A　损漏率通常大于产销差率　　　　B　损漏率通常小于产销差率

C　损漏率总是等于产销差率　　　　D　损漏率与产销差率无必然关系

27. 下列不属于漏损控制方法的是(　　)。

A　增压站为了减少管网暗漏进行错峰供水

B　成立供水监察部门打击偷盗用水

C　成立专业的检漏队伍，加大暗漏查漏力度

D　加大老旧管网更新力度

28. 对于一有 500 户的纯居民封闭小区，其总管理表的夜间最小流量值比较合理的是(　　)。

A　小于 2t/h　　　　B　小于 10t/h

C　大于 20t/h　　　　D　大于 50t/h

29. 管理表抄见时，应仔细观察水表运转情况，如果转速很快且伴有声响，可以初步判断存在(　　)。

A　内部管线大量漏水　　　　B　存在用户高峰用水

C　水表故障　　　　D　水表空转

30. 下列降低管网漏损率的措施中，应最先进行的是(　　)。

A　更换高精率的电磁流量计　　　　B　更换新的管道

C　开展检漏修漏　　　　D　开展分区计量

31. 在下列工作中，哪一项是开展分区计量工作的基础(　　)。

A　确定封闭小区总表后的分户表数量　　　　B　确定一个封闭小区

C　为总管理表加装远传系统　　　　D　开展封闭小区的夜间检漏工作

32. 某封闭小区管理表的总分表误差较大，而管理表远传夜间最小流量较小，说明(　　)。

A　此小区可能存在内部管网大量漏失　　B　此小区可能存在大量无表用水现象

C　此小区居民存在大量夜间用水现象　　D　此小区管理表一定是抄错了

二、多选题

1. 下列各项属于售水量的是(　　)。

A　抄表发行水量　　B　违法用水补收水量

C　管道冲洗水量　　D　拆表结度水量

E　消防救火水量

2. 在水量平衡表中，下列属于无收益水量的有(　　)。

A　非法用水量

B　因用户计量误差和数据处理错误造成的损失水量

C　配水管网漏失的水量

D　未计量但已收费的水量

E　计量表具至用户用水器具之间的漏失水量

3. 下列无收益水量中，属于表观漏损的有(　　)。

A　用户偷盗用水　　B　环卫道路洒水使用消火栓取水

C　管道冲洗用水　　D　水表失灵造成的水量损失

E　开账错误造成的水量损失

4. 在水量平衡的计算中归为未收费未计量的有(　　)。

A　消防救火用水　　B　进行换表时产生溢流水量

C　用户的非法连接用水　　D　未挂表计量的道路洒水等

E　管道冲洗用水

5. 配水管是指将净水后的水从输水管引入并进一步输送、分配到供水区各用户处的管道。配水管由(　　)组成。

A　干管　　B　输水干管

C　支管　　D　管径

E　阀门

6. 在进行售水量分析时，为了找到售水量增长减少的因素，可以按不同的方式统计售水量，有(　　)。

A　按区域划分统计售水量　　B　按职业分类统计售水量

C　按管网分布类型统计售水量　　D　按水表口径统计售水量

E　按水表生命周期不同阶段统计售水量

7. 售水分区域统计分析时，区域划分的方法有(　　)。

A　按行政区进行划分　　B　按水厂供水范围

C　按增压站供水范围　　D　按管网划分区块

E　按不同区域的经济特点

8. 按管网的分布情况统计售水量，要求(　　)。

A　管网分布状况清晰　　B　管线管段用户明确
C　管网的阀门及开关状况明晰　　D　管网分布区域内无偷盗用水现象
E　所有的水表无故障，计量准确

9. 对“封闭”小区进行分区计量时要求(　　)。
A　小区只有一路进水并安装管理表
B　小区多路进水，但均安装水表计量
C　小区多路进水，只在主进水管加装管理表
D　小区两路进水，分区计量时保留一路
E　小区内无任何偷盗用水行为

10. 在进行水量统计时，常用关键字包括(　　)。
A　用户名　　B　水表口径
C　用水地址　　D　用水性质
E　抄表日期

11. 下列哪项属于实现售水量管理的过程(　　)。
A　售水量发行　　B　售水量的统计调查
C　售水量的调查整理　　D　售水量的统计分析
E　售水量的统计预测

12. 对售水量的统计结果进行筛选时，常用关键字有(　　)。
A　用水性质　　B　水表口径
C　抄表区册　　D　水表类型
E　用户类型

13. 按区域统计售水量，可以使用的索引是(　　)。
A　抄表区册　　B　用水地址
C　行政区属　　D　水表口径
E　用水性质

14. 在进行售水量分析时，应主要从以下哪几个方面重点分析(　　)。
A　分析季节因素对售水量的影响
B　分析用户用水习惯对售水量的影响
C　分析各个职业类别的售水量变动趋势
D　分析抄表质量对售水量的影响
E　分析表具数量及选型变动对售水量的影响

15. 通过售水量统计分析，可掌握的有效信息有(　　)。
A　可以掌握水量变化的趋势　　B　可以掌握水量波动的原因
C　可以掌握客观因素对售水量的影响　　D　可以掌握抄见质量对售水量的影响
E　可以掌控售水量水平

16. 影响售水量的因素主要包括(　　)。
A　抄表质量　　B　供水量大小
C　季节气候变化　　D　用水职业的不同
E　特殊事件的影响

17. 售水量分析的常用方法有(　　)。

A　同期对比分析法　　B　参考供水量对比分析法
C　环比对比分析法　　D　特殊事件分析法
E　居民户均水量分析法

18. 损漏率的分析预测模型可以表述为(　　)。

A　供水量与售水量变化幅度的关系　　B　供水量与售水量的大小关系
C　供水量与售水量变化曲线的斜率　　D　供水量与售水量变化趋势的偏离值
E　供水量关于售水量函数的一阶导数

19. 进行售水量的同比分析，其主要意义在于(　　)。

A　发现并改进抄见管理方面的问题
B　发现并改进计量表具对售水量水平的影响
C　为产销差分析提供依据
D　可以发现用水行为对售水量水平的影响
E　可以提高水费回收率

20. 在供水量同比保持不变的情况下，售水量同比大幅降低，可能的原因包括(　　)。

A　抄表质量严重下降　　B　管网漏损明显增加
C　同期存在大量漏失　　D　偷盗用水现象增多
E　水表计量出现严重问题

21. 在供水量没有变化的情况下，售水量环比出现大幅度增长，可能的原因包括(　　)。

A　打击偷盗用水成果显著　　B　管网漏控成效显著
C　水价上涨　　D　管网出现严漏损
E　表具管理成效显著

22. 在进行售水量分析时，要考虑一些重大的特殊事件对售水量变化的影响，其主要包括以下哪几个方面(　　)。

A　同比发生了抄表天数的变化　　B　同比发生了抄表区册的调整
C　同比发生了重大爆管事件　　D　同比发生了重大自然灾害
E　同比发生了经营指标的调整

23. 某供水企业3月份售水量同比增长10%，可能的原因是(　　)。

A　当年2月份因春节原因提前抄表　　B　当年2月份闰年多一天
C　去年同期3月份进行抄表区册调整　　D　当年2月份出现极寒天气
E　供水市场扩张，供水量增长较大

24. 进行年度售水量预测的主要依据有(　　)。

A　年度供水市场的变动情况　　B　设定的年度产销差率目标
C　往年的供售水量水平　　D　特殊事件的影响
E　企业的利润指标

25. 进行月度售水量预测的主要依据有(　　)。

A　年度售水量计划　　B　供水市场变动对具体月份的影响

C　往年的月售水量占比　　D　特殊事件因素的影响

E　往年见表率指标的影响

26. 在供水市场没有变化的情况下，售水量水平与(　　)具有相关性。

A　GDP的增长水平　　B　供水量的增长率

C　管网损漏率水平　　D　产销差率水平

E　用水价格水平

27. 供水量计划增长2%，产销差率预定目标是下降1%，则年度售水量的计划指标(　　)。

A　增长率应高于2%

B　增长率可以小于2%

C　增长率应高于3%

D　实际指标的制定取决于上年度产销差率值

E　实际指标的制定取决于上年度的供水量或售水量值

28. 居民户表的月度售水量预测的主要依据包括(　　)。

A　户均水量的变化趋势　　B　天气季节变化趋势

C　当年居民户表水量变化趋势　　D　用户数的变化量

E　抄表时间的变化

29. 大表远传系统的下列哪些指标对售水量预测有影响(　　)。

A　远传设备上线率　　B　远传数据准确率

C　远传设备完好率　　D　远传设备覆盖率

E　远传设备故障率

30. 管网损漏的主要因素包括(　　)。

A　管网老化　　B　管材质量问题

C　管线施工质量　　D　外力损坏

E　背景漏失

31. 损漏率的计算需使用的数据有(　　)。

A　售水量　　B　供水量

C　无收益水量　　D　收益水量

E　用户转供水量

32. 在进行产销差率计算时，不能使用的数据是(　　)。

A　测算的爆管损失　　B　消防救火水量

C　计量未收费的合法水量　　D　管道冲洗水量

E　未计量已收费的水量

33. 以下属于影响产销差率指标的因素有(　　)。

A　供水管网质量　　B　供水压力

C　施工管理　　D　供水水质

E　偷盗用水

34. 管网的漏控措施主要有(　　)。

A　更换新管道　　B　明漏检查

C　暗漏检查　　D　更换高精度水表

E　查处违法用水

35. 通过远传系统区域计量表的夜间最小流量进行漏损监控时，下列说法正确的是(　　)。

A　要进行管网普查和表具普查以确认夜间最小流量的形成原因

B　要根据漏控区域规模，确定一个合理夜间最小流量的参考值

C　要根据区域内用户组的特性判断夜间消费水量的可能性

D　要结合白天的最大用量来判断夜间流量来自管网损失的可能性

E　要进行停水测试管网漏水量的大小

36. 确定区域管线的漏损率，可以依据(　　)。

A　总表与分表的水量差率　　B　总表的远传夜间最小流量

C　总表的月用量同期对比　　D　分户表的同期水量对比

E　管网的压力变化值

37. 抄表到户进行老户改造时，如果总表保留，主要有以下哪几种用途(　　)。

A　保留作为管理考核表

B　出户改造时必须拆除总表

C　当有消防系统时，保留总表并作为贸易结算表

D　当不完出户时，部分用户依然使用保留的原总表供水

E　用于用户欠费时停水拆表

38. 在进行区域计量工作时，主要的漏损分析方法有(　　)。

A　总分表误差分析法　　B　管理表远传夜间最小流量分析法

C　下属用户平均水量分析法　　D　管理表用水量趋势分析法

E　真实漏损定量法

39. 某供水企业规定新建小区在拆除施工表后，安装正式户前必须先安装总管理表，其目的是(　　)。

A　便于对小区新铺管线进行泵水　　B　用于小区管网的检漏查漏

C　对小区总分表误差进行计算　　D　避免小区收尾施工的无计量用水

E　避免小区管网漏水

40. 如何对小区普查后的总分表误差计算结果进行校验(　　)。

A　与管理总表的远传夜间最小流量进行比对分析

B　对下属居民用户的平均用水量进行分析

C　对下属用户中的暂收情况和零度空房情况进行统计分析

D　对下属用户的范围界定进行再次核对

E　对管理总表的抄见和计量准确性进行校验分析

三、判断题

(　　) 1. 售水量是指供水企业供到用水户的水量。

(　　) 2. 在无收益水量的管理中，所有的管道冲洗用水都属于表观漏损。

(　　) 3. 在水量平衡中，收益水量就是指全部合法的用水量。

（　　）4. 消防队属于应急管理部门，其办公用水无需挂表，供水企业将其纳入无收益水量管理即可。

（　　）5. 用户户名变更后，其用水分类会发生变化。

（　　）6. 在进行水量数据的统计整理时，不得改变水量数据的真实性。

（　　）7. 售水量的统计分析应以第一手数据为基础，遵循真实可靠的原则。

（　　）8. 通过对售水量进行分析，可以有效回收大量应收账款。

（　　）9. 历史水量对比分析法是售水量分析的常用方法。

（　　）10. 对售水量进行环比分析的主要意义在于可以发现短期内的影响售水量的波动在素。

（　　）11. 进行售水量预测的主要目的是掌控售水量水平。

（　　）12. 年度售水量预测一定比月度售水量预测要准确。

（　　）13. 用水大户进行月度售水量预测必须依据户均水量的变化趋势。

（　　）14. 年度售水量的预测完全取决于产销差率的计划目标。

（　　）15. 月度售水量预测的依据是产销差率的计划指标。

（　　）16. 用水大户的远传系统可以提高售水量预测的准确性。

（　　）17. 供水企业可以通过高估未计量未收费的合法用水量来降低损漏率。

（　　）18. 表观漏损有时也称为“商业漏损”，包括用户已使用但未交费的水量，通常包括非法用水和因计量误差和数据处理错误造成的损失水量。

（　　）19. 管网损漏率指管网实际漏失的水量，因此，损漏率的计算与售水量和供水量无关。

（　　）20. 某供水企业 2019 年 8 月 25 日测得某小区管理表夜间最小流量为 12t/h，这说明此小区每小时的产销差为 12t。

（　　）21. 损漏率与产销差率在供水企业中指的是同一个管理指标，只是表述不同。

（　　）22. 漏水按是否可见可分为明漏和暗漏。

（　　）23. 损漏率预测的主要依据是售水量的变化趋势。

四、简答题

1. 通过售水量的统计分析，可以掌握哪些信息？
2. 售水量分析可以使用的主要方法？
3. 年度售水量预测可参考的依据有哪些？
4. 影响产销差率指标的主要因素有哪些？
5. 影响水费应收账款回的主要因素有哪些？
6. 影响见表率指标的因素主要有哪些？

第9章　分区管理（DMA）的应用

一、单选题

1. DMA是指(　　)。

A　国际水协　　B　分区计量

C　产销差　　D　漏损率

2. 下列哪个是国际水协简写(　　)。

A　CBA　　B　DMA

C　IWA　　D　TIRL

3. 供水系统水量结算和管网漏损控制管理的基本依据是国际水协的(　　)。

A　发达国家10年漏损水量　　B　中国一线城市产销差率

C　漏损率平衡表　　D　水量平衡标准表

4. 国际水协水量平衡标准表中的表观漏损又称为(　　)。

A　正常漏损　　B　无差异漏损

C　商业漏损　　D　市政管网漏损

5. 国际水协水量平衡标准表中的物理漏损又称为(　　)。

A　商业漏损　　B　表观漏损

C　真实漏损　　D　正常漏损

6. 未收费未计量用水量不包括(　　)。

A　消防　　B　环卫绿化用水

C　清理街道以及霜冻保护　　D　冲洗干管和下水道

7. 2006年，国际水协公布了(　　)。

A《供水系统的漏损：标注术语和性能测试》

B《分区计量管理手册》

C《供水管网性能指标》

D《供水管网漏损率指导》

8. 真实漏损量可基于24h的分区测量法或(　　)分析得到真实漏损的具体数值。

A　最小夜间流量法　　B　最大高峰流量法

C　水量平衡法　　D　国际标准法

9. 发展中国家的供水行业从管理和经营角度出发，一般采用(　　)作为管网漏损指标。

A　漏损水量　　B　售水量

C　产销差（或产销差率）　　D　自用水占比

10. 产销差也叫(　　)。

A　收益水量　　B　无收益水量

C　计量水量　　D　无计量水量

11. 收费计量用水量包括所有计量并收费的生活、工商业、行政事业、特种用水业的用水量，还包括(　　)。

A　计量并收费的趸收水量　　B　非计量消防水量

C　漏损水量　　D　非法用水量

12. 计量售水量和未计量售水量之和为(　　)。

A　无收益水量　　B　无计量水量

C　无收益水量　　D　收益水量

13. 未收费已计量供水量和未收费未计量供水量，两者之(　　)为未收费水量。

A　比　　B　积

C　和　　D　差

14. 系统漏水量为系统供给水量与系统(　　)之差。

A　无收益水量　　B　无计量水量

C　非法用水量　　D　合法用水量

15. 非法用水与计量误差引起的水量损失之和为(　　)。

A　实际漏水量　　B　账面漏水量

C　非法用水量　　D　合法用水量

16. 系统漏水量与账面漏水量之差为(　　)。

A　管网漏水量　　B　分区漏水量

C　非法用水量　　D　合法用水量

17. 开展水量平衡分析，估计管理损失水量不包括(　　)。

A　系统供给水量　　B　未计量水量（偷盗水）

C　水表计量误差（慢跑）　　D　数据处理出错

18. 开展水量平衡分析，物理损失水量不包括(　　)。

A　输水干管的漏损　　B　配水干管的漏损

C　水厂自用水　　D　蓄水池的漏损和溢流

19. 国际水协在其漏损控制手册《IWA best practice manual》中建议将产销差和产销差率作为评定(　　)效益和收入的指标。

A　政府　　B　用户

C　供水企业　　D　自来水厂

20. 以下不属于无法计量用水的是(　　)。

A　管道维护用水量　　B　消防

C　学校　　D　抢修爆管

21. 最小流量通常发生在夜间，称最小夜间流量（MNF，即 minimum night flow）是评估分区管理（DMA）(　　)的重要指标。

A　配水干管的漏损　　B　输水干管的漏损

C　实际漏损水平　　D　非法用水量

22. 依据区域的供水管线直径进行分类，其中管径在500～1000mm之间为(　　)。

A　超大型　　B　大型　　C　中型　　D　小型

23. 最小夜间流量包括合理夜间用水量和(　　)两部分组成。

A　非法用水量　　B　合法用水量

C　无收益水量　　D　管网漏失量

24. 管网漏失量由不可避免的背景漏失量和(　　)两部分组成。

A　爆管漏失量　　B　合法用水量

C　无收益水量　　D　管网漏失量

25. 在夜间流量达到最小时的入流测量结果，此时 DMA 区域内用户的用水需求量是全天之中的(　　)，同时管网中水压(　　)。

A　最大　最高　　B　最小　最低

C　最小　最高　　D　平均　平均

二、多选题

1. 真实漏损量可基于(　　)分析得到真实漏损的具体数值。

A　最小夜间流量法　　B　最大高峰流量法

C　水量平衡法　　D　24h 的分区测量法

E　全天最小流量法

2. DMA 是指漏损水量等于系统供给水量减去合法用水量，包括(　　)。

A　表观漏损　　B　直接漏损

C　真实漏损　　D　间接漏损

E　偶然漏损

3. 表观漏损包括(　　)。

A　折扣水量　　B　非法用水量

C　趸收水量　　D　各种计量误差

E　以及管理不力造成的水量损失

4. 未收费未计量用水量是指(　　)。

A　消防　　B　冲洗干管和下水道

C　清理街道以及霜冻保护等用水量　　D　非法用水量

E　趸收水量

5. (　　)之和为收益水量。

A　无收益水量　　B　无计量水量

C　计量售水量　　D　未计量售水量

E　趸收水量

6. 产销差水量为系统(　　)之差。

A　供给水量　　B　无收益水量

C　收益水量　　D　无计量水量

E　趸收水量

7. 开展水量平衡分析，应搜集(　　)管网数据。

A　系统供给水量　　B　收费的合法用水量

C　未收费的合法用水量

D　用户水表误差和数据处理误差

E　注册的接户数量

8. 开展水量平衡分析，估计管理损失水量应包括(　　)。

A　系统供给水量

B　收费的合法用水量

C　未计量水量（偷盗水）

D　水表计量误差（慢跑）

E　数据处理误差

9. 开展水量平衡分析，物理损失水量应包括(　　)。

A　输水干管的漏损

B　配水干管的漏损

C　水厂自用水

D　蓄水池的漏损和溢流

E　用户连接管的漏损

10. DMA是指(　　)。

A　国际水协

B　分区计量

C　产销差

D　漏损率

E　Ditrict Meter Area的简写

11. 城市供水系统的物理漏失一般被认为发生在系统的以下哪些部分(　　)。

A　输水干管及一级输水系统

B　城市配水管网

C　连接用户的支管

D　输配水系统的管件

E　水池、水塔等渗漏及溢流

12. 供水产销差和产销差率的计算公式的假设条件是(　　)。

A　系统供水量对某些已知错误已进行了修正

B　用户抄表记录的收费计量用水量和系统供给水量的统计时间一致

C　所有计量仪表的准确度一致

D　供水管网是环形封闭管网

E　用户节水意识都很强

13. 国际水协在其漏损控制手册《IWA best practice manual》中建议将产销差和产销差率作为评定供水企业(　　)的指标，并不适用于评估供水管网管理效率。

A　效益

B　收入

C　成本

D　税收

E　成绩

14. 在供水管网中各种未计量用水分为(　　)。

A　供给水量

B　无收益水量

C　无法计量用水

D　非法用水量

E　趸收水量

15. 漏损指标包括(　　)。

A　产销差（率）

B　物理漏损量

C　不可避免物理漏损水量

D　供水设施漏损指数

E　计量水量

16. 我国漏损评价指标(　　)。

A　产销差率

B　分区计量

C　有效供水率　　　　　　　　　　D　漏损率

E　漏损量

17. 规模划分可以依据住户数量的多少被分为 3 种规模，分别是(　　)。

A　超大型（用户数量在 5000～10000 之间）

B　大型（用户数量在 3000～5000 之间）

C　中型（用户数量在 1000～3000 之间）

D　小型（用户数量小于 1000）

E　微型（用户数量小于 100）

18. 通过加装(　　)可有效地将整个供水管网分割成为若干个相对封闭的供水区域。

A　用户水表　　　　　　　　　　B　闸门

C　配水管　　　　　　　　　　　D　区域计量水表

E　节水器具

19. DMA 按照管线类型可以分为三个层次(　　)。

A　输水管 DMA　　　　　　　　　B　配水管 DMA

C　市政管网 DMA　　　　　　　　D　层叠式 DMA

E　小区管网 DMA

20. DMA 系统的设备维护需要规范(　　)。

A　水表的维护和快速的修理　　　B　定期水表检查

C　区域内水质监测　　　　　　　D　一、二级测量仪器的定期维护

E　区域内检修人员的业务技能

三、判断题

(　　) 1. 真实漏损量可基于 24h 的分区测量法或最小夜间流量法分析得到真实漏损的具体数值。

(　　) 2. 产销差水量为系统供给水量与收益水量之和。

(　　) 3. 计量售水量和未计量售水量之和为收益水量。

(　　) 4. 未收费已计量供水量和未收费未计量供水量之差为未收费水量。

(　　) 5. 非法用水与计量误差引起的水量损失之和为账面漏水量。

(　　) 6. 水表、流量计等计量仪表的精度对水平衡分析效果的准确程度影响很大。

(　　) 7. 未计量用水量即为产销差率。

(　　) 8. 阀门及计量仪表属于输配水系统的管件。

(　　) 9. 国际水协在其漏损控制手册《IWA best practice manual》中建议将产销差和产销差率只作为评估供水管网管理效率的重要指标。

(　　) 10. 作为供水企业，为了控制产销差指标不用考虑到企业的经济效益和公司的成本。

四、简答题

1. 分区管理（DMA）的优势有哪些？

2. 最小夜间流量在供水管网的漏损控制中具有重要作用有哪些？

3. 分区管理（DMA）的原理?
4. 区块化各阶层改善管网漏损状况的功能有哪些?
5. 在设置分区管理水表安装位置时，总表所安装的位置要考虑到哪几点?
6. 简述夜间最小水量检漏和修复的步骤?
7. 找出管网漏损明显偏高原因的措施有哪些?

第10章 安全生产知识

一、单选题

1.《中华人民共和国安全生产法》是综合规范生产法律制度的一部法律，处于第(　　)法律位阶。

A 一　　B 二　　C 三　　D 四

2. 安全生产标准是(　　)中的重要组成部分。

A 安全生产管理　　B 监督执法工作

C 安全生产法律体系　　D 安全生产法规体系

3. 国际劳工组织成立于(　　)。

A 1919年　　B 1920年　　C 1921年　　D 1922年

4. 外业作业必须贯彻的思想是(　　)。

A 预防第一　　B 安全第一

C 预防第一，安全为主　　D 安全第一，预防为主

5. 国际劳工标准，其中(　　)的公约和建议书涉及职业安全卫生问题。

A 50%　　B 60%　　C 70%　　D 80%

6. 外业作业中配发的抄表钩应定期进行(　　)。

A 更换　　B 报废

C 保养　　D 保养和检查

7. 下列属于法律体系中最低位阶的是(　　)。

A 《安全生产事故隐患排查治理暂行规定》

B 《河北省安全生产条例》

C 《生产安全事故报告和调查处理条例》

D 《中华人民共和国安全生产法》

8. 外业作业员工收款时应(　　)。

A 实收实付　　B 唱收唱付

C 实收　　D 应收应付

二、多选题

1. 安全生产标准分为(　　)。

A 设计规范类　　B 安全生产设备、工具类

C 生产工艺安全卫生类　　D 防护用品类

E 安全生产管理类

2. 我国安全生产行政法规创制的主体是(　　)。

A　全国人民代表大会常务委员会

B　中央人民政府

C　国务院

D　全国人民代表大会

E　省级（省、自治区、直辖市）人民代表大会常务委员会

3. 抄表工作事故预防措施包括(　　)。

A　抄表安全操作规程

B　收费安全操作规程

C　生活安全

D　人员作业安全

E　行车安全

4. 行车安全包括(　　)。

A　了解驾驶车辆性能

B　可以转让有驾驶执照的非驾驶人员驾驶

C　杜绝酒后开车

D　发现故障立即进行检修

E　路况不清地段小心通过

5. 下列选项属于安全生产行政法规的有(　　)。

A　《安全生产违法行为行政处罚办法》

B　《国务院关于预防煤矿生产安全事故的特别规定》

C　《生产安全事故报告和调查处理条例》

D　《建设工程安全生产管理条例》

E　《河北省安全生产条例》

6. 员工抄表工作收款时可向用户收取的票据有(　　)。

A　支票

B　暂收款单据

C　押金单据

D　预存水费单据

E　收据

三、判断题

(　　) 1. 在水表抄见或维护时先要了解表具及表位周边的情况。

(　　) 2. 员工收取的现金、票据等在未上交前应妥善保管，如放置于保险箱中。

(　　) 3. 当部门安全生产规章之间、部门规章与地方政府规章之间发生抵触时，由最高人民法院裁决。

(　　) 4. 地方政府安全生产规章在法律体系中处于最低的位阶，即第五法律位阶。

(　　) 5. 宪法中关于“加强劳动保护，改善劳动条件”是安全生产方面最高法律效力的规定。

四、简答题

1. 外业作业管理规定的总体要求是什么?

2. 人员外业作业抄表时应注意哪些方面?

供水客户服务员（五级 初级工）

理论知识试卷

注 意 事 项

1. 考试时间：90min。
2. 请仔细阅读各种题目的答题要求，在规定的位置填写您的答案。
3. 不要在试卷上乱写乱画。

	一	二	总分	统分人
得分				

得　分	
评分人	

一、单选题（共80题，每题1分）

1.《生活饮用水卫生标准》GB 5749—2006中的饮用水水质指标共（　　）项。

A　35　　B　71　　C　106　　D　96

2. 城市供水是指（　　）。

A　城市公共供水　　B　自建设施用水

C　自然河道供水　　D　城市公共供水和自建设施供水

3. 统计指标说明的是总体的数量特征，而标志则是反映（　　）的性质属性或数量特征。

A　统计总体　　B　统计个体　　C　调查对象　　D　总体单位

4.（　　）是反映客观现象总体在一定时间、地点条件下的总规模、总水平的综合指标。

A　总量指标　　B　相对指标　　C　平均指标　　D　数量指标

5.（　　）是指搜集到的资料必须真实可靠，符合客观实际，这是对调查工作最基本的要求，也是衡量调查工作质量的重要标志。

A　及时　　B　准确　　C　全面　　D　经济

6.（　　）体系结构是现代计算机的基础，现在大多数计算机仍是冯·诺依曼计算机的组织结构或其改进体系。

A 冯·卡门　　B 哈佛结构　　C 图灵　　D 冯·诺依曼

7.（　　）是管理和控制计算机硬件与软件资源的计算机程序，是直接运行在“裸机”上的最基本的系统软件，任何其他软件都必须在其支持下才能运行。

A 服务端控制程序　　B 数据管理系统　　C 应用程序　　D 操作系统

8. 日常工作中，使用最多的就是关系型数据库。关系型数据库是建立在（　　）基础上的数据库管理系统。

A 网络模型　　B 层次模型　　C 关系数据模型　　D 数据分析模型

9. 水表作为一种计量仪表具有多重属性，最重要的性能是要满足（　　）方面的要求。

A 计量　　B 工业产品　　C 民用　　D 供水

10. 供水企业表具管理中水表的档案资料不包括（　　）。

A 水表类型　　B 安装地址　　C 安装日期　　D 用水人

11. 进户表的抄表类型为“空房”，说明（　　）。

A 水表的抄见字码为零度　　B 用户不在家无法见表

C 水表故障失灵　　D 无法见表且该处用户没有用水

12. 以下不是水表首次检定中应检定项目的是（　　）。

A 外观检查　　B 密封性检查　　C 示值误差试验　　D 水表编号

13. 用户卫生间的马桶漏水的维修责任是（　　）。

A 用水人　　B 供水企业　　C 产权单位　　D 物业公司

14. 下列表具管理相关描述错误的是（　　）。

A 表具的管理业务指的就是水表的管理

B 表具检定主体为计量部门

C 表具存储及发放主体为物资部门

D 表具管理需要供水企业计量部门、技术部门、工程部门、财务部门等紧密协作

15. 水表在工业自动化仪表产品分类代号中用（　　）代号表示。

A L　　B LS　　C VS　　D LX

16. LXL-80 表示（　　）的水表。

A 80mm 水平螺翼式　　B 80mm 垂直螺翼式

C 80cm 水平螺翼式　　D 80cm 垂直螺翼式

17. 普通水表按计量元件的运动原理分类是（　　）。

A 容积式水表和速度式水表　　B 湿式水表、干式水表和液封水表

C 普通型水表和高压水表　　D 分流式水表、单式水表和复式水表

18. 垂直螺翼式水表的（　　）计量能力比水平螺翼式水表强。

A 大流量　　B 小流量　　C 瞬时流量　　D 过载流量

19. 以下用法兰与管道连接的是（　　）口径的水表。

A *DN*15　　B *DN*20　　C *DN*40　　D *DN*50

20. 公称直径换算：15mm＝（　　）英寸。

A 1/8　　B 1/6　　C 1/4　　D 1/2

21. 居民住宅常用口径 15mm、20mm 水表，常用流量一般不超过（　　）m^3/h。

A 5　　B 6　　C 10　　D 16

22. 口径为 $DN20$ 的水表，最高计数水量量程是(　　)。

A　99999　　B　9999　　C　10000　　D　19999

23. 我国普通水表与高压水表公称压力界限是(　　)。

A　1MPa　　B　10MPa　　C　0.1MPa　　D　100MPa

24. 以下用螺纹与管道连接的是(　　)口径的水表。

A　$DN25$　　B　$DN50$　　C　$DN80$　　D　$DN100$

25. 干式水表与湿式水表相比，在冬季受冻后可以降低的风险是(　　)。

A　水表失灵　　B　水表走快　　C　水表走慢　　D　水表漏水

26. 数字水表中红色数字意思是(　　)。

A　整数位指示值　　B　小数位示值　　C　水量参考值　　D　瞬时流量

27. 与传统机械式水表相比，电子式水表使用中不容易发生的故障是(　　)。

A　传感器故障　　B　电池电量低

C　空管报警　　D　被水中杂质卡住

28. 以下不属于按计数器的工作环境分类的水表类型是(　　)。

A　干式　　B　湿式　　C　液封式　　D　密闭式

29. 下图水表读数是(　　)。

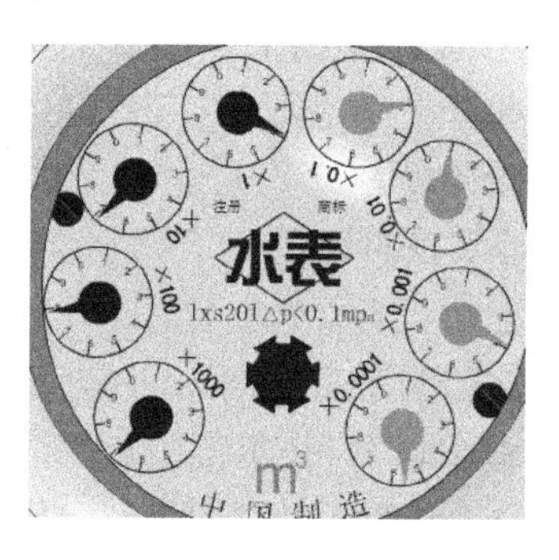

A　6764　　B　6774　　C　7774　　D　7765

30. 口径为 15～25mm 的水表强检周期是(　　)。

A　3 年　　B　4 年　　C　5 年　　D　6 年

31. 给水管道的附件包括龙头和(　　)。

A　三通　　B　法兰　　C　阀门　　D　水表

32. 水质化学指标不包括(　　)。

A　水中有机物　　B　pH 值　　C　悬浮物　　D　硬度

33. 目前我国大多数的冷水水表的检定装置是(　　)。

A　容积式　　B　称量式　　C　标准表式　　D　活塞式

34. 表位的维护因现场环境变化多样，所以必须注重的是(　　)。

A　准确性　　B　及时性　　C　时效性　　D　规范性

35. 水表抄读时应注意不能漏抄的示值是(　　)。

A　灵敏针　　B　红色　　C　黑色　　D　黄色

36. 水表使用中应注意将水表盖盖好，避免出现度盘发黑的现象。为避免此现象，我们可以采取的措施是(　　)。

A 经常擦拭水表度盘　　B 打开水龙头冲洗

C 换装干式水表　　D 度盘贴膜

37. 水表安装前必须进行计量检验，但在使用中仍会有“走得快”的情况，不可能是（　）。

A 水表超周期使用　　B 有气和水压波动

C 表后有漏水　　D 表壳裂缝

38. 抄表员抄表时发现表箱内水表被清水淹没时，首先必须（　）。

A 上报清理表位　　B 原地等待水干

C 努力清出，见表抄见　　D 不用抄表，按零度估收即可

39. 下列不属于外复员岗位职责是（　）。

A 对抄表员的抄读准确性进行复核　　B 对抄表员上报的故障水表进行确认

C 对上报的违章用水进一步查处　　D 对未回收水费进行减免

40. 抄表时发现水表倒装，应如何处理（　）。

A 换一只新表　　B 原表倒过来装回去

C 把指针拨回到零　　D 倒抄倒结

41. 用户对水表计量准确性有疑问时，可以提出（　）。

A 免费更换水表　　B 有偿更换水表

C 校验水表　　D 减免水费

42. 抄表时遇水量突增突减时要查明原因，下列不属于量少原因的有（　）。

A 用水性质变化　　B 天气气候变化

C 抄表周期突然变化　　D 估表时估多了

43. 抄表员在抄表线路上发现路面积水，应如何处理（　）。

A 抄表结束后，回单位向领导反映

B 先观察积水是下水还是清水，如是清水，确定附近有无供水管道，及时通知供水服务热线

C 立即通知管网维修部门检查维修

D 路面有无积水，与抄表员无关，各部门各司其职，抄表员的职责是抄好水表

44. 上门抄表、复查、催欠及处理投诉时，应使用文明礼貌用语，绝不允许与用户发生（　）。

A 相互留联系信息　　B 语言和肢体冲突

C 协商　　D 致谢

45. 故障表换表后的水量计算，（　）是准确计费开账的关键。

A 新表抄读水量　　B 新表用水天数

C 需估计的天数　　D 故障换表原因

46. 某用水人口为 4 人的居民用户 2020 年 4 月 12 日第一次抄见字码 0425，6 月 25 日抄见的字码为 0467，该户 6 月份应缴纳水费（　）元。（不含垃圾处理费，到户单价为 3.1 元/t）。

A 130.2 元　　B 131.62 元　　C 134.4 元　　D 136.02 元

47. 阶梯水价规定，基础用水量一般是指一个（　）所使用的水量。

A　3 口之家一个月或一年

B　不限人口数，以家庭为单位的月用量

C　一个总表范围内，不限家庭数的月用量

D　一个星期 3 口之家在无论多长的抄表周期内的用量

48. 某企业水表：2011 年 6 月 9 日正常抄见字码 1800，结度 340t；7 月 9 日抄表时表坏，暂收 400t，7 月 25 日换表时，新表零度，8 月 9 日抄表字码 0180，请计算，8 月份按两个月平均应结度(　　)t。

A　400　　B　520　　C　382　　D　332

49. 水表快慢主要是指水表在长时间使用后出现一定的(　　)，或电磁干扰等情况造成的水表计量精度超出国家计量标准允许误差限的情况。

A　机械部件磨损　　B　人为损坏　　C　环境影响　　D　偷盗用水

50. 抄表时水表因堆埋无法见表时应根据用户用水情况进行(　　)水量。

A　暂按零度收费　　B　暂收发行　　C　保留发行　　D　正常发行

51. 进户表水表抄见类型为“空房”，说明(　　)。

A　水表的抄见字码为零度　　B　用户不在家无法见表

C　水表故障失灵　　D　无法见表且该处用户没有用水

52. 抄表时遇到拆迁时，应第一时间上报，并统计好拆迁地区所抄水表明细。在确定用户房屋建筑已拆除时，对表位无表的水表应注明(　　)。

A　水表故障　　B　拆迁　　C　私自拆表　　D　特殊表位/埋

53. 营业收费系统的网络系统主要是基于(　　)技术。

A　局域网　　B　互联网　　C　移动基站　　D　窄带互联

54. 使用手机抄表时，抄表数据的下载时间安排应根据(　　)进行。

A　抄表员的要求　　B　抄表日程表

C　用户的时间要求　　D　法律规定的时间

55. 营业收费系统中水量发行后的校核是由(　　)实现的。

A　计算机自动　　B　人工计算　　C　由抄表员手工　　D　用户

56. 在进行水费的调整和减免时，营收系统中不涉及数据变动的功能模块是(　　)。

A　财务报表功能　　B　水量发行功能

C　抄表录入功能　　D　操作权限功能

57. 进户水表抄见之前必须(　　)。

A　准备抄表钩子　　B　提前张贴抄表预约通知单

C　打电话联系用户　　D　粘贴欠费停水单

58. 抄表时遇下列哪种情况可以延迟抄表(　　)。

A　水表发生故障　　B　抄表员家中有急事

C　天气预报有大雨　　D　用户内部管道漏水

59. 关于超周期使用水表，下列说法正确的是(　　)。

A　抄表员只负责抄表，水表周期更换应由系统自动生成工作单

B　水表超周期使用，抄表员应负责现场更换

C　抄表员应根据用水量变化，及时申报超周期使用的水表更换

D　如果用水量没有异常变化，超周期使用水表可以不用更换

60. 抄表时发现水表表位被用户私自移动过，应按(　　)进行上报处理。

A　违法私自移表　　B　表位不良

C　水表故障　　D　水表遗失

61. 下列不属于用户资料内容的是(　　)。

A　客户接水信息资料　　B　客户用水信息资料

C　供水管网信息资料　　D　供水水质检测资料

62. 在办理用户对私过户时要注意核对用户门牌地址，避免出现(　　)。

A　水费纠纷问题　　B　房产纠纷问题

C　张冠李戴错误　　D　水表抄见错误

63. 用户信用等级管理是建立在用户信息资料健全的基础上，需要在用户缴费及时率、依法依规用水、用水量大小以及(　　)等方面进行全面科学评估。

A　内部用水管理水平　　B　用户用水投诉频率

C　供水设施的维修及时率　　D　计量水表的更换

64. *DN*300 及以下的供水管道爆管抢修服务时限一般不超过(　　)。

A　2h　　B　12h　　C　24h　　D　72h

65. 按用户诉求的目的，“三来”业务可以分为服务需求类、投诉建议类和(　　)类。

A　咨询类　　B　无理诉求类

C　正常申诉类　　D　非常规诉求类

66. 某用户向抄表员咨询接水业务，抄表员以此业务不属于他所在的部门管辖为由，请用户向供水热线，并告知用户电话号码。这种行为属于(　　)。

A　符合首问负责制规定　　B　符合首接负责制规定

C　推诿的不负责行为　　D　无可指责

67. 在热线工单处理时，对在规定时限内无法办理完成的工单，可以(　　)。

A　提出延期申请　　B　提出不予受理申请

C　先按办结销单处理　　D　等待系统自动销单

68. 服务作风满意率评价体系的制度完善要求企业完善对外服务承诺制，建立健全首问和首接负责制、投诉查实处理制度和(　　)等相关服务制度。

A　签单回访制度　　B　岗位责任制度

C　业务承包制度　　D　服务竞赛制度

69. 关于水量的描述，正确的是(　　)。

A　又被称为“售水量”　　B　是企业“营业收入”所对应的水量

C　涉及往年调整水量　　D　涉及往年恢复欠费水量

70. 下列属于固定资产的是(　　)。

A　厂房　　B　现金

C　3 年期债券　　D　2 年期应收账款

71. 某公司自行建造厂房 1 台，工程用物资 200 万元、人工成本 10 万元、税金 5 万元、保险费 10 万元，以下关于成本计算正确的是(　　)。

A　210 万元　　B　215 万元　　C　205 万元　　D　225 万元

72. 下列说法正确的是(　　)。

A　当月减少的固定资产，当月不计提折旧

B　固定资产的折旧方法一经确定，可以根据实际业务进行变更

C　使用寿命是指固定资产确定使用的期限

D　净值也称折余价值

73. 关于水量统计，描述不正确的是(　　)。

A　按照实际财务和业务需要

B　涉及当期和往期的所有类型水量和水费统计和汇总

C　围绕主营业务收入所对应的水量

D　将水费统计报表进行账务处理后形成结果

74. 反映企业资产、负债资本的期末状况的报表是(　　)。

A　损益表　　B　利润表　　C　资产负债表　　D　科目余额表

75. 下列说法正确的是(　　)。

A　自来水企业的成本控制除了一般企业日常内部成本的耗费外还有一部分是财务费用

B　企业的资金计划可以保证5%的浮动率

C　企业资金计划的编制一般采用按年预算，按季度配比提请的模式

D　资金计划的申报可以满足企业日常运营需要，但是难以应对日常突发情况

76. 下列属于现金使用范围的是(　　)。

A　需要支付货款18000元　　B　利用银行代发薪酬50000元

C　退用户水费2600元　　D　退用户水费500元

77. 下列说法正确的是(　　)。

A　在推行增值税电子普通发票后，自来水企业可根据用户需求继续提供原自制冠名纸质发票

B　随着时代的发展，自来水企业冠名纸质发票正在逐渐退出使用范围

C　增值税电子普通发票只有电子凭据，不能自主打印

D　增值税电子发票包括增值税普通发票和增值税专用发票

78. 下列关于水费销账的说法错误的是(　　)。

A　目前各地自来水企业采用的主要是由营收系统直接销账

B　目前各地自来水企业采用的主要是由营收系统直接销账和人工销账两种方法

C　营收系统直接销账主要应用于第三方代收水费和网上收费的情况

D　当用户到营业网点柜面、用户通过网银直接将水费款项汇入自来水企业的账户时，需要收费人员进行人工销账

79. 安全生产标准是(　　)中的重要组成部分。

A　安全生产管理　　B　监督执法工作

C　安全生产法律体系　　D　安全生产法规体系

80. 外业作业必须贯彻的思想是(　　)。

A　预防第一　　B　安全第一

C　预防第一，安全为主　　D　安全第一，预防为主

得　分	
评分人	

二、判断题（共 20 题，每题 1 分）

（　　）1. 二次供水的水质根据现行国家标准《生活饮用水卫生标准》GB 5749 的规定，可以略低于直供水的水质标准。

（　　）2. 统计的基本研究方法主要有：大量观察法、综合指标法、推断分析法。

（　　）3. 实施智能抄表工作，要求抄表人员熟练掌握智能手机的操作使用方法，了解手机系统的常用功能，严格遵守软件操作流程和管理制度。在使用过程中，进行使用体验反馈及需求功能等相关改善意见，通过不断努力逐步完善智能手机抄表系统，从而使抄表质量和服务质量得到显著提升。

（　　）4. 任何单位和个人不得违反规定制造、销售和进口非法定计量单位的计量器具。

（　　）5. 用水人不用水时通常建议自行关闭表后阀门或由供水人协助关闭表前阀；或者申请暂时拆除水表保留用水账号。

（　　）6. 水表应安装在便于检修和读数，不宜暴晒、冻结、污染和机械损坏的地方。

（　　）7. 速度式水表根据安装方向分为水平安装和立式安装，容积式水表均要水平安装。

（　　）8. 冬季当水表、水龙头被冻住后，切忌直接烘烤或用开水急烫，造成管道或水表爆裂引发次生危害。

（　　）9. 集中供水户通常按照表后用户中水价最高的用水性质进行定价。

（　　）10. 抄表日程表编排好以后，如果有新接水用户较多的地方，可随时全部打乱重新编排。

（　　）11. 抄表数据的审核是水量发行工作中的重要一环。

（　　）12. 营业收费系统应实现用户的全生命周期管理。

（　　）13. 远传水表的数据不需要人工审核，可以直接发行水量。

（　　）14. 进行用户信用等级管理时要注意信息保密工作，避免对用户产生负面的影响。

（　　）15. 投资者投入固定资产的成本，应当按照投资合同或协议约定的价值确定，但合同或协议约定价值不公允的除外。

（　　）16. 第三方代为收费主要为银行代收和第三方零售渠道代收的方式。主要依托于其遍布的网点和便捷的渠道。

（　　）17. 做好欠费统计分析是进行科学有效水费催缴的前提。

（　　）18. 消防队属于应急管理部门，其办公用水无需挂表，供水企业将其纳入无收益水量管理即可。

（　　）19. 产销差水量为系统供给水量与收益水量之和。

（　　）20. 在水表抄见或维护时要了解表具及表位周边的情况。

供水客户服务员（四级 中级工）

理论知识试卷

注 意 事 项

1. 考试时间：90min。
2. 请首先按照要求在试卷要求位置填写您的名字和所在单位名称。
3. 请仔细阅读各种题目的答题要求，在规定的位置填写您的答案。
4. 不要在试卷上乱写乱画。

	一	二	三	四	总分	统分人
得分						

得　分	
评分人	

一、**单选题**（共 80 题，每题 1 分）

1. 下列(　　)选项不适用于《生活饮用水卫生标准》GB 5749—2006 的标准。

A　集中式供水单位卫生要求　　B　二次供水卫生要求

C　生活饮用水水源水质卫生要求　　D　循环冷却水水质卫生要求

2. 自来水生产工艺流程通常包括混合、反应、沉淀、过滤及(　　)几个过程。

A　加压　　B　消毒　　C　输出　　D　净水

3. 通过统计调查，取得统计所需要的原始数据后，需要对这些原始数据进行整理，这个过程就叫作(　　)。

A　统计整理　　B　统计分析　　C　统计调查　　D　统计研究

4. (　　)是统计整理的基础，其目的就是根据标志值将总体中有差别的单位区分开来，同时又将性质相同或相近的某些单位组合起来，以便区分事物的类型、研究总体的结构、探讨现象间的依存关系。

A　数据清理　　B　统计分析　　C　统计分组　　D　数据筛选

5. 统计工作的第三个阶段就是(　　)，它根据汇总整理的统计资料，运用各种统计方法，研究事物之间的数量关系，提示社会经济现象的一般特征及其规律性。

A　统计调查　　B　统计整理　　C　统计分组　　D　统计分析

6. 下列属于会计核算的基本前提的是(　　)。

A　会计主体　　　　B　可中止经营

C　零基原则　　　　D　实质重于形式原则

7. 关于会计科目的说法，正确的是(　　)。

A　对会计对象的分类　　　　B　对会计假设的分类

C　对会计要素的分类　　　　D　对会计信息的分类

8. 当年企业收入 100 万元，费用 65 万元，所得税 5 万元，企业利润是(　　)。

A　30 万元　　B　95 万元　　C　40 万元　　D　35 万元

9. 以下不属于操作系统的是(　　)。

A　MS-DOS　　B　Unix　　C　Windows　　D　Oracle

10. 下列应对网络攻击的建议中不正确的是(　　)。

A　尽量避免从 Internet 下载不知名的软件、游戏程序

B　不要随意打开来历不明的电子邮件及文件

C　保护自己的 IP 地址。有条件的话，最好设置代理服务器

D　无需及时下载安装系统补丁程序，以免对系统造成影响

11. 按照《中华人民共和国强制检定的工作计量器具检定管理办法》，水表出厂后行检定，以下相关说法正确的是(　　)。

A　水表检定只是一个形式，无实质内容　　B　水表检定是为了做型号标识

C　水表检定目的是确保计量准确　　D　水表由供水企业自行检定

12. 对新建小区户表安装施工进行验收时，需进行放水试验，主要目的说法不妥的是(　　)。

A　核对是否存在资料差错的情况

B　便于检查是否存在倒表的情况

C　为了检查水表运行是否正常，水表是否存在故障

D　便于检查是否存内部漏水的情况

13. 供水企业表具管理一般不包括(　　)内容。

A　水表生产　　B　采购仓储　　C　水表使用　　D　报废处置

14. 抄表时，遇用户提出需把水表位置迁移时，应告知用户至(　　)办理移表手续。

A　至房管所　　B　城管部门　　C　供水企业　　D　物业公司

15. 在额定工作条件下水表符合最大允许误差要求的最大流量是(　　)。

A　Q_1 最大流量　　　　B　Q_2 分界流量

C　Q_3 常用流量　　　　D　Q_4 过载流量

16. 要求水表在短时间内能符合最大允许误差要求，随后在额定工作条件下仍能保持计量特性的最大流量指的是(　　)。

A　Q_X 复式水表转换流量　　　　B　Q_2 分界流量

C　Q_3 常用流量　　　　D　Q_4 过载流量

17. 当水表常用流量 $Q_3 \leqslant 6.3m^3/h$，水表指示范围最小的是(　　)。

A　99999　　B　9999　　C　10000　　D　100000

18. 多流束水表是我国使用最普遍的一种(　　)水表。

A　旋翼式　　B　螺翼式　　C　液封式　　D　干式

19. 容积式水表和速度式水表相比较，特点是(　　)。

A　结构简单　制造成本低　使用维修方便

B　结构简单　制造成本高　使用维修方便

C　结构简单　制造成本低　使用维修困难

D　结构复杂　制造成本低　使用维修困难

20. 在我国市场上流通的带字轮式机构的机械水表，都采用字轮指针组合式计数。在度盘上(　　)的指示做成字轮。

A　$1m^3$ 以上　　B　$1m^3$ 以下　　C　$0.1m^3$ 以上　　D　$0.1m^3$ 以下

21. 以下不是水表类型划分依据的是(　　)。

A　测量原理　　B　水表体积

C　水表形式　　D　水表口径

22. 水表上没标注公称压力和使用温度要求，其公称压力和使用温度范围一般是(　　)。

A　1MPa；0.1～30℃　　B　1MPa；1～30℃

C　0.1MPa；0.1～30℃　　D　0.1MPa；1～30℃

23. 根据水表的(　　)分类，电子式水表其计量元件无机械传动，通过电学变化原理转换成水流量，从而间接地记录出水量。

A　计量元件运动原理　　B　计量元件结构原理

C　计量指示形式　　D　计量用途

24. 下列不属于水表选型常用参数的是(　　)。

A　设计用水量　　B　水表量程比

C　最大和最小流量　　D　特性流量

25. 容积式水表安装在封闭管道中，是由一些被逐次充满和排放流体的已知容积的容室和凭借流体驱动的机构组成一种水表。以下不是容积式水表的是(　　)。

A　多流束式　　B　旋转活塞式

C　单缸往复活塞式　　D　圆盘式

26. 以下不属于按计数器的指示形式分类的水表类型是(　　)。

A　指针式　　B　单流束式

C　字轮指针组合式　　D　字轮式

27. 以下非人为原因可能造成水表偏针的是(　　)。

A　装配错误　　B　指针孔大　　C　受冻害　　D　偷盗用水

28. 发现水表倒走时，应首先判断水表(　　)。

A　是否失灵　　B　是否倒装

C　是否有水回流　　D　是否偷盗用水

29. 在一段时间的抄表过程中发现水量变大，水表走快，是因为水表在使用后由于环境及其他因素造成的，其中非水表自身原因的是(　　)。

A　水表不用自走　　B　有气和水压波动

C　滤水网孔严重堵塞　　D　叶轮盒进水孔表面结垢

30. 一般家庭用水一段时间后，发现水表表面发黄，判断该户使用的是(　　)水表。
A　干式　　B　湿式　　C　液封　　D　热水
31. 以下只做首次强制检定，失准报废的是(　　)。
A　水表　　B　燃气表　　C　电表　　D　（玻璃）体温计
32. 贸易结算水表在首次使用前应实施强制(　　)。
A　抽检　　B　报废　　C　检定并合格　　D　试用
33. 本次抄表时的水表字码小于上期的抄表字码，首先判断是否倒表，其次(　　)。
A　是否偷水　　B　是否表坏　　C　试水验证　　D　换表验证
34. 抄表时，为判断水表是否失灵不走，应(　　)。
A　拆下水表送检　　B　向用户求证　　C　找开龙头试水　　D　用手机拍下照片
35. 下图水表读数是(　　)m^3。

A　12363　　B　12363.01191
C　12363.1191　　D　12363.001191
36. 用户反映家中水表空转应如何处理(　　)。
A　安排抄表员或复核人员上门检查　　B　让用户自己回家再观察
C　请计量监督部门上门检查　　D　请水表生产商上门处理
37. 下列不属于供水营业厅工作人员职责的是(　　)。
A　解答用户咨询　　B　引导用户办理业务
C　催促用户尽快缴纳水费　　D　受理过户等窗口业务
38. 抄表时发现水表故障，应进行上报更换，如果非用户原因造成，则(　　)更换。
A　不需　　B　延期　　C　免费　　D　由用户付费
39. 按用户用水性质，供水企业用户可分为居民生活用水户、非居民生活用水户和(　　)。
A　特种用水户　　B　高端用户　　C　重点用户　　D　一般用户
40. 某大学8月份的用水量环比减少50%，最可能的原因是(　　)。
A　内漏修好　　B　节约用水　　C　学校放假　　D　偷盗用水
41. 张某租用陈某的居民住宅开了一家餐馆，此户用水户属于(　　)。
A　居民生活用水户　　B　非居民生活用水户
C　特种用水户　　D　居民与非居民混合用水户
42. 在进行抄表册的编号时，“区”表示该表所在的行政区，而“字”则通常用于表示(　　)。
A　某水厂的供水范围　　B　某一类型的水表
C　同一口径的水表　　D　同一职业的水表

43. 一只 *DN*25 的水表，千位针指向 8；百位针指向 9 和 0 之间；十位针指向 3；个位针指向 1 和 2 之间；该表正确读数为(　　)。

A 8931　　B 8921　　C 7931　　D 7921

44. 抄表时，可以见到水表进行准确抄见，且无任何异常时，此抄表发行类型为(　　)。

A "正常"　　B "发行"　　C "结度"　　D "正确"

45. 某水表 7 月 10 日抄见字码 5053，7 月 22 日周期换表结度字码 5101，9 月 10 日抄见字码为 0216，9 月份发行水量为(　　)t。

A 48　　B 216　　C 264　　D 267

46. 某户表用户在某供水公司登记的常住人口为 6 人，核定每人每月第一阶梯水量为 5t，超出为第二阶梯。2012 年 4 月份抄表结度水量为 80t/两月，其应交水费为(　　)。(单价：第一阶梯 3.1 元/t，第二阶梯 3.81 元/t，第三阶梯 4.52 元/t)

A 236.4 元　　B 224 元　　C 278.56 元　　D 262.2 元

47. 阶梯水价一般适用(　　)类的用户。

A 一类居民用水　　B 一户一表居民用水

C 全部居民用水　　D 总表供水的居民用水

48. 换表后第一次抄见水表时，发行水量＝水表字码－新表底数＋(　　)。

A 上个月用量　　B 同期用量

C 上三个月平均用量　　D 换表时结度数

49. 某公司的水表经检定后，水表误差为＋3%时，应退还除(　　)外的全部费用。

A 多收水费　　B 多收违约金

C 校表费用　　D 用户通信费和打出租车费

50. 抄表时遇故障水表时除申报更换外，应按要求进行水量暂收发行，其暂收发行标准，下列表述错误的是(　　)。

A 按合同约定的方式，即该用户上三个月的平均用水量暂收发行

B 考虑到用户的实际用水情况，有时可以按上个月的用水量暂收发行

C 考虑到用户的季节性用水因素，有时可以按去年同期的用水量暂收发行

D 在了解了用户的实际用水情况后，按照其二级计量水表暂收发行

51. 抄表时发现表位被用户堆放杂物时，应(　　)，以便抄见水表。

A 让用户赔表并加装水表　　B 努力抄见或请用户即时清理

C 办理移改提手续　　D 重新装表接水

52. 抄表时发现原 *DN*15 的在册水表，被用户私自换成 *DN*25 的水表时，应(　　)。

A 请用户换一块 *DN*15 的水表　　B 无须理会，暂收发行水量即可

C 上报违章处理　　D 正常抄表，结度发行水量

53. 在营业收费系统中，下列(　　)属于柜台收费的功能。

A 抄表数据录入功能　　B 水费催缴功能

C 收费销账功能　　D 水量发行功能

54. 使用抄表器或抄表手机抄表时，抄表员的当期抄表数据应(　　)。

A 现场实时录入抄表器　　B 根据用户要求录入到抄表器中

C 看具体情况决定是否录入　　D 用户缴费时录入抄表器中

55. 远传水表的远传数据应建立与营业收费系统的数据接口，确保(　　)。

A 远传系统稳定　　B 远传数据准确

C 数据的交互使用　　D 用户的信息共享

56. 营业收费系统的水量发行台账和报表功能是(　　)的需要。

A 财务统计和分析　　B 用户服务

C 政府监管　　D 职工薪酬计算

57. 在进行用户的抄见补收发行时，必须同步调整(　　)。

A 用户基础信息资料　　B 用户的银行代扣信息

C 水表的抄表底数　　D 水表的计量精度

58. 抄表收费员负责每月进行水费催欠工作，提醒用户交费。在上门张贴催欠单前由于催欠单是较早前打印，故应先(　　)。

A 等待用户自行缴费　　B 抄表员自己先行垫付水费

C 电话催缴　　D 查询水费是否已缴纳

59. 抄表工作中遇到用水量量多或量少，水表指针与走率有疑问，水表堆没、水没或门闭等情况，当场无法解决需事后进一步调查处理的时候，抄表员可以开具(　　)。

A 《水表养护工作单》　　B 《水费暂停缴纳通知单》

C 《延迟抄表通知单》　　D 《水价调整通知单》

60. 下列关于“融资租赁”说法正确的是(　　)。

A 实质上并未转移与资产所有权有关的全部风险和报酬

B 所有权最终一定转移

C 所有权最终不会转移

D 所有权最终可能转移，也可能不转移

61. 下列关于折旧计提的说法正确的是(　　)。

A 年数总和法是将固定资产的原值减去残值后的净额乘以一个逐年递增的分数计算每年的折旧额

B 双倍余额递减法是在考虑固定资产残值的情况下，按双倍直线折旧率和固定资产净值来计算折旧的方法

C 工作量法是根据实际工作量计算每期应提折旧额的一种方法

D 采用此法，应当在其固定资产折旧年限到期前三年内，将固定资产净值扣除预计净残值后的净额平均摊销

62. 关于非抄见补收回收报表（台账）的描述，不正确的是(　　)。

A 反映正常抄见发行之外的补收情况　　B 只涉及当期的水量情况

C 按照不同单价进行细分　　D 同时涉及当期和往期的水量情况

63. 反映企业现金流量来龙去脉的报表是(　　)。

A 科目余额表　　B 资产负债表

C 利润表　　D 现金流量表

64. 下列说法正确的是(　　)。

A 财务核算信息的产生是一个连贯不停的过程

B　企业核算信息是对过去经营和经营成果的归纳总结，但不涉及对于未来生产计划的制订

C　财务指标、财务报表、财务分析等从业务和财务角度分析了企业的运营状况

D　企业核算信息是对现在经营和经营成果的归纳总结

65. 下列属于票据结算范围的是(　　)。

A　银行汇票缴费　　B　移动客户端缴费

C　电子银行缴费　　D　外地用户采用支票缴费

66. 不属于自来水企业冠名纸质发票特点的是(　　)。

A　可以重复打印　　B　由自来水企业报批后自行印制

C　不可以生成电子凭据　　D　遗失不补

67. 下列不属于营收系统直接销账优点的是(　　)。

A　及时、准确地与第三方数据进行对接、核对，不需要人工手工进行比对、核销，大幅提高操作速度

B　销账资料月底统一打印，便于装订

C　快速查找差错并纠正，省却人工销账的繁琐步骤

D　自动生成报表，便于进行财务核算

68. 不属于收费员日常工作基本表格的是(　　)。

A　个人开票收据清单　　B　欠费信息情况表

C　收费人当天收费凭证　　D　个人开票清单

69. 关于水费报溢描述正确的是(　　)。

A　包含应收账款在内　　B　可以是短期

C　无人暂收款　　D　属于比较少见的情况

70. 水量平衡表中，关于合法的用水量，下列描述正确的是(　　)。

A　合法用水量全部是收益水量

B　合法用水量包括未收费已计量的用水量

C　消防灭火用水量未计量部分不属于合法用水量

D　合法用水量即收费水量

71. 供水量与售水量的走势应趋于一致，是基于假定(　　)而言的。

A　计算时间的一致性　　B　管网漏损率恒定

C　用户用水情况不变　　D　经营指标设定值不变

72. 进行户均用水量分析的主要意义在于(　　)。

A　可以掌控户表的抄见质量　　B　可以发现户表的违章用水

C　可以提高居民用水量水平　　D　可以增加户表水量占比

73. 进行月度售水量预测的意义在于(　　)。

A　分解落实年度售水量指标　　B　确保水费回收指标的完成

C　与见表率指标直接相关　　D　提升对外服务水平

74. 在水量平衡表中，不属于真实漏损组成的是(　　)。

A　因用户计量误差和数据处理错误造成的损失水量

B　输配水干管漏失水量

C　蓄水池漏失和溢流水量

D　用户支管至计量表具之间的漏失水量

75. 下列不属于漏损控制方法的是(　　)。

A　增压站为了减少管网暗漏进行错峰供水

B　成立供水监察部门打击偷盗用水

C　成立专业的检漏队伍，加大暗漏查漏力度

D　加大老旧管网更新力度

76. 成为供水系统水量结算和管网漏损控制管理的基本依据是国际水协的(　　)。

A　发达国家十年漏损水量　　B　中国一线城市产销差率

C　漏损率平衡表　　D　水量平衡标准表

77. 2006年，国际水协公布了(　　)。

A　《供水系统的漏损：标注术语和性能测试》

B　《分区计量管理手册》

C　《供水管网性能指标》

D　《供水管网漏损率指导》

78. 产销差也叫(　　)。

A　收益水量　　B　无收益水量

C　计量水量　　D　无计量水量

79. 国际劳工标准，其中(　　)的公约和建议书涉及职业安全卫生问题。

A　50%　　B　60%　　C　70%　　D　80%

80. 外业作业员工收款时应(　　)。

A　实收实付　　B　唱收唱付　　C　实收　　D　应收应付

得　分	
评分人	

二、**判断题**（共20题，每题1分）

(　　) 1. 对于要求供水压力相差较大，而采用分压供水的管网，则不可以建造调节水池泵站。

(　　) 2. 任何一个统计指标都只能反映总体某一方面的特征，这就要求采用一套相互联系的统计指标，借以反映总体各个方面的特征以及事物发展的全过程，说明比较复杂的现象数量关系。这种由若干个相互联系的统计指标所组成的整体，叫作统计指标体系。

(　　) 3. 外存储器又叫辅助存储器，如硬盘、软盘、光盘等。存放在外存中的数据必须调入内存后才能运行。外存存取速度慢，但存储容量大，主要用来存放暂时不用，但又需长期保存的程序或数据。

(　　) 4. 供水企业自行计划的检修、维修及新管并网作业施工造成降压、停水的，不用提前告知用水人。

(　　) 5. 水表进水管的阀门应开足，用户控制水量可调节出水阀，反之则影响正常

进水，导致水表速率不准。

（　　）6. 从水表的计量结构分来看，旋翼式水表和螺翼式水表均属于容积式水表。

（　　）7. 传统机械水表的优点是结构简单、成本低，对表位的要求不高。

（　　）8. 远传抄表系统中信道式信号传输的媒介和各种信号变换、耦合装置，专指远程信道。

（　　）9. 抄表服务规范中规定抄表员在抄见户内水表时必须戴鞋套，并使用文明礼貌用语。

（　　）10. 本周期水表更换，计算本周期用水量，应将抄读的旧水表用水量加新表用水量。

（　　）11. 抄表数据上传营收系统，在进行水量发行前的修改属于抄表水量的调整，可以不设定修改权限。

（　　）12. 计算机在进行抄表数据的审核时完全无需人工干预。

（　　）13. 水表属于供水设施，根据《供用水合同》和相关法律法规的规定，用户负有保护义务，必须确保水表表位不被压占或污染。

（　　）14. 对用户进行受控管理可以很好地提升供水企业水费回收效率。

（　　）15. 企业的自营工程，应当按照直接材料、直接人工、直接机械施工费等计量。

（　　）16. 自来水企业开具专用发票后因购货方不索取而成为废票的，也应按填写有误办理，不得直接撕毁作废。

（　　）17. 水费回收率根据统计管理周期的不同可分为水费当年实时回收率和水费当月回收率。

（　　）18. 进行售水量预测的主要目的是掌控售水量水平。

（　　）19. 未收费已计量供水量和未收费未计量供水量之差为未收费水量。

（　　）20. 员工收取的现金、票据等在未上交前应妥善保管，如放置于保险箱中。

供水客户服务员（三级 高级工）

理论知识试卷

注 意 事 项

1. 考试时间：90min。
2. 请仔细阅读各种题目的答题要求，在规定的位置填写您的答案。
3. 不要在试卷上乱写乱画。

	一	二	三	总分	统分人
得分					

得　分	
评分人	

一、单选题（共80题，每题1分）

1. 水厂加氯消毒的主要目的是(　　)。

A　杀灭致病微生物　　B　杀灭病毒
C　杀灭细菌　　D　杀灭大肠菌

2. 《生活饮用水卫生标准》GB 5749—2006中的饮用水水质指标共(　　)项。

A　35　　B　71　　C　106　　D　96

3. 水表抄见准确率是(　　)。

A　动态相对指标　　B　比较指标　　C　数量指标　　D　质量指标

4. 以下不属于非全面调查的是(　　)。

A　抽样调查　　B　人口普查　　C　重点调查　　D　典型调查

5. 某公司男性职工180人，女性职工120人，则男性对女性的相对比例用百分数表示为(　　)。

A　60%　　B　120%　　C　150%　　D　200%

6. 资产按照购置时支付的现金或现金等价物计算，是属于(　　)。

A　公允价值　　B　历史成本　　C　重置成本　　D　可变现净值

7. 当交易或事项的外在法律形式并不总能真实反映其实质内容时，需要遵循的原则是(　　)。

A　可比性原则　　　　　　　　　　　　B　相关性原则

C　重要性原则　　　　　　　　　　　　D　实质重于形式原则

8. 下列说法正确的是(　　)。

A　会计信息与企业高层的决策密切相关

B　会计核算中最主要的是考虑效益问题

C　可比性原则既包括横向可比性也包括纵向可比性

D　重要性原则主要从“量”的方面分析

9. 下列关于密码设置的说法中不正确的是(　　)。

A　使用生日作为密码，以防忘记，方便使用

B　密码设置尽可能使用字母数字混排

C　将各个应用程序的密码设置成不同的密码

D　重要密码最好经常更换

10. (　　)是网络环境中的高性能计算机，它监听网络上其他计算机（客户机）提交的服务请求，并提供相应的服务。其具备承担服务并且保障服务的能力。

A　中继器　　　　B　防火墙　　　　C　交换机　　　　D　服务器

11. 下列关于计算机病毒的叙述中，正确的是(　　)。

A　计算机病毒是一种生物体，很容易传播。

B　计算机病毒是一种人为编制的特殊程序，会使计算机系统不能正常运转。

C　计算机病毒只能破坏磁盘上的程序和数据。

D　计算机病毒只能破坏内存中的程序和数据。

12. (　　)是基于移动网络技术和物联网技术的移动业务平台，旨在利用智能手机丰富的系统控件、强大的多媒体及地理位置定位等一系列先进优势，通过网络实时传输数据，完成相关数据信息的收集、处理工作。

A　营业收费系统　　　　　　　　　　B　智能手机系统

C　远传水表管理系统　　　　　　　　D　管网表具综合管理系统

13. 典型的营业收费系统三层架构可分为：客户端、中间层和服务端。服务端主要是用于(　　)。

A　运行应用程序　　　　　　　　　　B　运行数据库

C　提供连接支持及组件服务　　　　　D　运行定制任务

14. 下列表述正确的是(　　)。

A　电子水表的特性流量一定比机械水表大

B　电子式水表灵敏度一定比机械水表好

C　电子水表抗干扰能力不如机械水表

D　电子水表使用寿命比机械水表短

15. 在我国市场上流通的带字轮式机构的机械水表，都采用字轮指针组合式计数。在度盘上(　　)的指示做成字轮。

A　$1m^3$ 以上　　　　　　　　　　B　$1m^3$ 以下

C　$0.1m^3$ 以上　　　　　　　　　D　$0.1m^3$ 以下

16. 旋翼式水表分为旋翼式单流束水表和旋翼式多流束水表，是根据流到内冲击叶轮

的(　　)来分类。

A　水流大小　　B　水流快慢　　C　水流股数　　D　水流时间

17. 在选择合适的水表规格时，需考虑水表的流量范围、口径范围、安装环境、使用性质等多方面，参考连接水表管道规格尺寸按英寸来说，公称直径为 15mm 的规格是(　　)。

A　4 分　　B　6 分　　C　8 分　　D　1 寸

18. 与传统机械式水表相比，电子式水表使用中不容易发生的故障是(　　)。

A　传感器故障　　B　电池电量低

C　空管报警　　D　被水中杂质卡住

19. 以下有关电磁水表的说法错误的是(　　)。

A　电磁水表从外形结构看有分体和不分体两种

B　电磁水表价格较传统机械水表高，通常应用在大口径大用量的用水环境

C　电磁水表应用电磁感应原理，根据导电流体通过外加磁场时感生的电动势来测量导电流体流量

D　电磁水表可以不按水表检定规程要求到期检定

20. 在一段时间的抄表过程中发现水量变大，水表走快，是因为水表在使用后由于环境及其他因素造成的，其中非水表自身原因的是(　　)。

A　水表不用自走　　B　有气和水压波动

C　滤水网孔严重堵塞　　D　叶轮盒进水孔表面结垢

21. 给水管道的附件包括龙头和(　　)。

A　三通　　B　法兰　　C　阀门　　D　水表

22. 计量强制检定一般采取首次强制检定或周期检定两种形式，根据的是计量器具的结构特点和(　　)。

A　使用年限　　B　成本价格　　C　使用状况　　D　检定形式

23. 安装螺翼式水表，水表上游侧外阀应安装在直管段(　　)外。

A　$10D$　　B　$5D$　　C　$20D$　　D　$3D$

24. 水表安装后应缓慢开启阀门，让水流缓慢地进入总管，并打开放气口放气，以下不属于该操作原因的是(　　)。

A　避免水管内夹杂空气　　B　避免引起水表空转

C　避免冲坏水表　　D　避免水量计量不准确

25. 水表在使用过程中非人为原因，当叶轮盒中有杂物、或上夹板变形、或顶尖严重磨损使机械阻力增大时，水表可能会是(　　)。

A　走慢　　B　走快　　C　停走　　D　跳字

26. 某企业报修无水，不可能的情况是(　　)。

A　用户因欠费而被暂停供水　　B　用户水表出现故障

C　此供水水厂停产　　D　用户内部管道出现故障

27. (　　)不属于进水原因造成用户用水不畅。

A　进水管积垢淤塞　　B　泵站停产检修

C　水表滤污网淤塞　　D　进水阀门损坏

28. 当按直接供水的建筑层数确定给水管网水压时，起用户接管处的最小服务水头，一层是 10m，二层为 12m，二层以上每增加一层增加(　　)m。

A　10　　B　12　　C　14　　D　4

29. 建筑高度不超过 100m 的建筑生活给水系统，宜采用(　　)分区并联的供水方式，建筑高度超过 100m 的建筑，宜采用(　　)串联的供水方式。

A　横向　　B　竖向　　C　向上　　D　向下

30. 以下有关表具及附属设施防冻保温说法，错误的是(　　)。

A　表具及附属设施的日常维护管养，务必保持水表箱门或盖板严密闭合

B　表后管与立管连接的转角处出现裸露、保温层脱离、水管扭曲等情况，应及时进行修补

C　冬季暴露在外面的管道和闸阀应用专业保暖材料包裹

D　南方温暖无需对表具及附属设施进行防冻保温

31. 以下不属于表位维护类型的是(　　)。

A　更换水表　　B　改造表箱　　C　清理表井　　D　移表

32. 防盗阀门通常安装在水表的(　　)。

A　进水口　　B　出水口　　C　用户家中　　D　带锁的箱子内

33. 抄表管理中，发现远传数据与基表不一致的管理原因是(　　)。

A　水表故障　　B　抄见质量　　C　水表漏水　　D　传感器故障

34. 以下不是偷盗水行为对居民的影响的是(　　)。

A　水压降低　　B　水流减小

C　损漏率增高　　D　影响高峰时段正常用水

35. 抄表时，发现表箱损坏应(　　)。

A　请用户维修　　B　上报抄表单维修更换

C　报警处理　　D　想办法自行维修

36. 抄表时，应核对用户用水性质与抄表资料是否相符，如果不符，需(　　)。

A　上报调整用水价格　　B　上报违法用水

C　上报拆表停水　　D　补收罚款

37. 关于居民生活用水类别，下列说法正确的是(　　)。

A　水表口径小于 $DN25$ 的都是居民生活用水

B　月用水量小于 $20m^3$ 的都是居民生活用水

C　居民小区内的用水户都是居民生活用水

D　居民住宅用于经营性质的不属于居民生活用水户

38. 张某租用陈某的居民住宅开了一家餐馆，此户用水户属于(　　)。

A　居民生活用水户　　B　非居民生活用水户

C　特种用水户　　D　居民与非居民混合用水户

39. 抄表日程表的编排应以(　　)为依据。

A　客户需求　　B　市场导向

C　供水区域管辖范围　　D　抄表员的数量和能力

40. 2020 年 7 月 17 日到 2020 年 8 月 10 日之间共有(　　)天。

A 22　　B 23　　C 24　　D 25

41. 某水表7月10日抄见字码5053，7月22日周期换表结度字码5101，9月10日抄见字码为0216，9月份发行水量为(　　)t。

A 48　　B 216　　C 264　　D 267

42. 公交公司的公交站场用水，其水价应为(　　)。

A 一类（非居民）　　B 二类（行政事业）

C 三类（工商业）　　D 四类（特种）

43. 新装接水户第一次抄表结算时，通常(　　)。

A 可以按天或按年计算阶梯　　B 不可以收取阶梯水价

C 可收可不收阶梯　　D 加倍收取

44. 新表平均计算发行水量时，按照三个月平均计算的方法叫作(　　)。

A 当期平均　　B 月度平均　　C 多期平均　　D 年度平均

45. 某用户近三个月的用水量为500t，该表校验后快20%，问应退还用户(　　)水量。

A 500t　　B 100t　　C 83t　　D 不退

46. 下列行为属于人为估表的是(　　)。

A 抄表时水表被埋，暂收发行

B 下雨天未按规定时间抄表，暂收发行

C 进户表无人在家，暂收发行水量

D 未见表暂收发行时按“正常”的见表类型录入发行

47. 上次抄见字码为0068，本次用户在门上粘贴字条自报为0065，该水表的见表类型应该是(　　)。

A 保留　　B 正常抄见　　C 粘贴自报　　D 暂收

48. 在抄表工作中发现绿化洒水车在路边开启消火栓接水，应检查其是否(　　)。

A 办理驾驶执照　　B 有消防许可证

C 酒后驾车　　D 挂表计量

49. 下列营业收费系统中的信息数据可以任意修改的是(　　)。

A 水量发行数据　　B 已收费数据

C 用户地址　　D 员工自己的登录密码

50. 远传水表的远传数据应建立与营业收费系统的数据接口，确保(　　)。

A 远传系统稳定　　B 远传数据准确

C 数据的交互使用　　D 用户的信息共享

51. 下列不属于营业收费系统可实现的收费功能的是(　　)。

A 银行托收代扣　　B 现金收费　　C 水费预充值　　D 信用支付

52. 用户水表拆除后需在营收系统中进行销户操作时，应(　　)。

A 只做销户标志即可　　B 彻底从数据库中抹除用户数据

C 建立已销户数据库　　D 在收费信息库中进行

53. 张贴停水通知单时必须同步进行(　　)。

A 拍照留存　　B 停水

C　电话联系用户　　　　　　　　　　D　抄见水表核对

54. 抄表时，发现表箱损坏应(　　)。

A　请用户维修　　　　　　　　　　　B　上报水表养护单更换

C　报警处理　　　　　　　　　　　　D　想办法自行维修

55.《供用水合同》中明确约定，供水人有向用水人提供不间断持续供水的义务。在(　　)情况下，供水人不得拆表停水。

A　用户申请报停水　　　　　　　　　B　用户违法用水

C　用户欠缴水费　　　　　　　　　　D　拆迁单位要求对未搬迁住户停水

56. 关于不属于固定资产特点的是(　　)。

A　价值较高　　　　　　　　　　　　B　持有时间较长

C　可以是长期持有的国债　　　　　　D　为生产经营所持有

57. 下列关于“固定资产折旧”说法正确的是(　　)。

A　企业在使用寿命内的任何固定资产都要提折旧

B　企业在用的任何固定资产都要提折旧

C　确定后的折旧方法可以变更

D　企业超过使用寿命的固定资产可以提折旧也可以不提折旧

58. 对于固定资产减值准备，下列说法正确的是(　　)。

A　固定资产发生损坏、技术陈旧或者其他经济原因，导致其账面价值低于其可回收金额，这种情况称之为固定资产减值

B　账面余额是指账面暂估余额

C　账面余额不扣除作为备抵的项目

D　可收回金额的确认采用孰低原则

59. 关于水量、水费调整台账的描述，不正确的是(　　)。

A　仅涉及当期水量和金额　　　　　　B　按照单价分类

C　同时反映当期和往期情况　　　　　D　涉及金额和用水量

60. 下列不属于自来水企业营业所财务核算特点的是(　　)。

A　作为非独立核算的机构部门，财务核算的内容只反映经营成果的会计要素

B　财务核算的程度仅包括会计核算全过程中的部分环节

C　营业所的水费账务处理以银行提供的实际入账报表数据为依据

D　账务处理的结果为企业提供数据支持，反映企业的经营状况

61. 下列不属于“水价”构成的是(　　)。

A　纯水价　　　　B　水资源税　　　　C　增值税　　　　D　营业税

62. 下列说法错误的是(　　)。

A　为了方便用户及时缴纳水费，自来水企业通常在供水范围内根据地区设置营业网点或柜面收取水费，自来水企业每个营业网点或柜面除收取本地区的水费外，还可以兼收供水范围内其他地区的水费

B　当天收款结束后，通过营收系统打印个人当天收费报表，由每位收款员核对各项收款情况是否与实际一致

C　自来水企业每个营业网点或柜面只能收取本地区的水费，不可以兼收供水范围内

其他地区的水费

D 收费人员需将所有收费单据回执与当天的POS机刷卡单和个人收费报表归集、整理好，作为当天的收费凭证上交财务进行会计处理

63. 由自来水企业自身出具，可以重复生成、打印的票据是（　　）。

A 增值税电子普通发票　　B 自来水企业冠名纸质发票

C 增值税纸质专用发票　　D 代收垃圾费收据

64. 下列关于收费日报说法错误的是（　　）。

A 是以一个收费工作日为期间的销售水费收入的汇总报表

B 是对于当天销账工作的总结

C 显示实时销账过程的结果

D 当天的销账工作结束后，都必须打印或填写收费情况日报表

65. 下列关于欠费信息情况表及其内容，描述正确的是（　　）。

A 自来水企业，其他应收账款是衡量自来水企业经营成果的重要指标之一

B 每月期末的“欠费信息情况表”全方位列示了自来水企业当月的水费欠费情况

C 欠费信息情况表的数据是恒定不变的

D 月末收费结束后的统计数据反映当期期初及期末的实际欠费信息

66. 办理水费调整时，（　　）不属于需要填列的数据。

A 用户号　　B 调整期间　　C 水量和金额　　D 缴费方式

67. 下列哪种售水量统计方式可以更好地分析管网漏控工作成效（　　）。

A 按用户职业分类统计　　B 按水表口径统计

C 按欠费类型统计　　D 按管网分布统计

68. 在进行售水量分析时，如果发现售水量不跟随（　　）同向同比例变化，则要尽快查找影响售水量变化的因素，加大售水量管控力度。

A 预测情况　　B 企业年初的指标

C 用户情况　　D 供水量

69. 在进行售水量分析时，户均售水量同比或环比分析主要应用在（　　）。

A 大用户用水分析时　　B 居民户表用水分析时

C 生产经营用水分析时　　D 非居民用水分析时

70. 进行年度售水量预测的主要目的是（　　）。

A 为老旧管网更新提供依据　　B 为水价调整提供依据

C 为检漏修漏提供依据　　D 为确定年度经营指标提供依据

71. 下列用水量中，可用于计算产销差率的是（　　）。

A 消防队训练使用的已计量但未收费的水量

B 市政洒水车使用已计量未收费部分水量

C 水厂自用水的计量水量

D 合法的未计量但已收费的水量

72. 某供水企业2019年供水总量为2.37亿t，售水量中抄见水量为2.09亿t，非抄见补收水量为0.12亿t，则此供水企业2019年产销差率为（　　）。

A 6.75%　　B 11.81%　　C 88.19%　　D 93.25%

73. 管理表发行的水量远远大于期间下属用户的水量总和，这说明(　　)。

A　可能存在内部管线漏水　　B　可能存在用户偷水的现象

C　管理表可能存在故障　　D　下属用户统计遗漏

74. 管理表抄见时，应仔细观察水表运转情况，如果转速很快且伴有声响，可以初步判断存在(　　)。

A　内部管线大量漏水　　B　存在用户高峰用水

C　水表故障　　D　水表空转

75. 下列降低管网漏损率的措施中，应最先进行的是(　　)。

A　更换高精率的电磁流量计　　B　更换新的管道

C　开展检漏修漏　　D　开展分区计量

76. 真实漏损量可基于 24h 的分区测量法或(　　)分析得到真实漏损的具体数值。

A　最小夜间流量法　　B　最大高峰流量法

C　水量平衡法　　D　国际标准法

77. 未收费已计量供水量和未收费未计量供水量，两者之(　　)为未收费水量

A　比　　B　积　　C　和　　D　差

78. 开展水量平衡分析，估计管理损失水量不包括(　　)。

A　系统供给水量　　B　未计量水量（偷盗水）

C　水表计量误差（慢跑）　　D　数据处理出错

79. 在夜间流量达到最小时的入流测量结果，此时 DMA 区域内用户的用水需求量为全天之中的(　　)，同时管网中水压(　　)。

A　最大　最高　　B　最小　最低　　C　最小　最高　　D　平均　平均

80. 下列属于法律体系中最低位阶的是(　　)。

A　《安全生产事故隐患排查治理暂行规定》

B　《河北省安全生产条例》

C　《生产安全事故报告和调查处理条例》

D　《中华人民共和国安全生产法》

得　分	
评分人	

二、判断题（共 20 题，每题 1 分）

(　　) 1. 管网布置形状基本上可分为环状管网和树枝状管网。

(　　) 2. 结构相对指标即通常所说的“比重”，它是总体中的部分数值与总体全部数值对比的结果。成绩在 70～80 分之间的员工人数占总人数的 32.50%，这个数字就是结构相对指标。

(　　) 3. Excel 是数据处理软件，不可将其当作数据库使用。

(　　) 4. 水表安装需满足上、下游侧的直管段长度要求，截止阀必须安装在上游侧 10*D* 前。

（　　）5. 水表应安装在便于检修和读数，不宜暴晒、冻结、污染和机械损坏的地方。

（　　）6. 用水量均匀的生活给水系统的水表应以给水设计流量选定水表的过载流量。

（　　）7. 水表远传系统是远传水表、电子采集发讯模块的总称，电子模块完成信号采集、数据处理、存储并将数据通过通信线路上传。

（　　）8. 偷盗水行为严重扰乱了城市供水正常的生产经营秩序，危害了城市公共基础设施安全，造成国家水资源的损失。

（　　）9. $DN50 \sim DN300$ 水表强制检定期限为 2 年。

（　　）10. 新表平均通常分为当年平均和多年平均两种。

（　　）11. 在营收系统中进行水量发行与抄表数据的录入上传是同一项操作。

（　　）12. 用于对外服务的通知、告知、提醒、催收等工作的工作单称为“对外服务格式表单”。

（　　）13. 如果用户当月用水量过大，可以请求抄表员申报更换水表来减免一部分水量。

（　　）14. 客户资料是记录客户接水、用水的原始记录，一经建立归档后不允许进行更新修改。

（　　）15. 企业自行建造固定资产包括自营建造和合营建造两种方式。

（　　）16. 非抄见补收水费回收报表（台账）反映的全部为当期数据。

（　　）17. 水费账单送发的方式有用户自行上门领取、手工开账后上门送发及电子账单推送的方式。

（　　）18. 售水量的统计分析应以第一手数据为基础，遵循真实可靠的原则。

（　　）19. 作为供水企业，为了控制产销差指标不用考虑到企业的经济效益和公司的成本。

（　　）20. 当部门安全生产规章之间、部门规章与地方政府规章之间发生抵触时，由最高人民法院裁决。

得　分	
评分人	

三、**多选题**(共 10 题，每题 2 分。每题的备选项中有两个或两个以上符合题意。错选或多选不得分，漏选得 1 分)

1. 统计整理主要包括哪三个方面的内容(　　)。

A　统计分析　　B　统计数据的预处理

C　统计分组　　D　统计调查

E　统计汇总

2. 虽然网络类型的划分标准各种各样，但是从地理范围划分是一种大家都认可的通用网络划分标准。按这种标准可以把各种网络类型划分为以下三种(　　)。

A　光纤网　　B　局域网
C　城域网　　D　专线网
E　广域网

3. 与螺翼式水表相比，旋翼式水表的主要优点有(　　)。

A　重量轻　　B　始动流量低
C　量程较宽　　D　故障率较低
E　小流量准确率高

4. 造成用户用水不畅的原因可能有(　　)。

A　供水方面，如水厂或泵站因故障而降压等
B　进水方面，如进水管漏水（包括明漏和暗漏）等
C　用水方面，如内部阀门损坏，用水管道年久积垢塞淤等
D　计的影响，如太阳能用水，直供水、加压水分区不合理
E　管道及表口径的影响，如指管道、表的口径偏小

5. 抄表员在抄进户表时，遇不良表位可以采取的方法有(　　)。

A　清除杂物后抄读
B　利用随身携带的小型反光镜抄读
C　利用智能手机拍照抄读
D　发放表位整改通知书，请客户整改表位后抄读
E　直接估计水量

6. 通过跟踪监测管理表的远传夜间最小流量，我们可以(　　)。

A　提高检漏效率　　B　加强施工质量管理
C　为打击偷盗用水指明方向　　D　增加管网供水压力
E　提高管网水质标准

7. 催收员在上门服务时要遵守企业对外服务规范，下列属于服务不规范的是(　　)。

A　张贴催缴水费单在指定的醒目位置
B　电话催缴，接通后先自报家门
C　上门催收，轻声敲门，使用文明用语
D　利用周末穿便装顺路上门催收
E　未经明示提醒直接对逾期未缴费用户停水

8. 下列说法正确的有(　　)。

A　当月增加的固定资产，当月不计提折旧，从下月起计提折旧
B　提前报废的固定资产，需要补提折旧
C　当月减少的固定资产，当月仍计提折旧，从下月起停止计提折旧
D　固定资产提足折旧后，不管能否继续使用，均不再提取折旧
E　当月增加的固定资产，当月计提折旧

9. 在进行售水量分析时，为了找到售水量增长减少的因素，可以按不同的方式统计售水量，有(　　)。

A　按区域划分统计售水量　　B　按职业分类统计售水量
C　按管网分布类型统计售水量　　D　按水表口径统计售水量

E 按水表生命周期不同阶段统计售水量

10. 我国漏损评价指标（　　）。

A 产销差率

B 分区计量

C 有效供水率

D 漏损率

E 漏损量

供水客户服务员初级（五级 初级工）

操作技能试题

[试题1]“区册内”的抄表线路编排

考场准备：

序号	名称	规格	单位	数量	备注
1	抄表卡片		张	50	填好抄表的基本信息。要求地址相对分散并打乱顺序
2	答题纸	A4	张	1	建立区册线路索引
3	计时器		个	1	不带通信功能

考生准备：

黑色或蓝色的签字笔。

考核内容：

（1）本题分值：100分

（2）考核时间：40min

（3）考核形式：实际操作

（4）具体考核要求：

1）按照最优抄表路线进行抄表卡片编排。

2）在编排好顺序的卡片右上角写上序号（1～50）。

3）在答题纸上填写户号等用户基础信息并标注编好的对应序号。

（5）评分

配分与评分标准：

序号	考核内容	考核要点	配分	评分标准	扣分	得分
1	路线顺序	抄表路线的顺序	40	1. 相同线路的卡片出现交错，扣5分； 2. 同一线路的门牌未按顺序，每错乱一次扣5分； 3. 该项扣完为止		
2	记录卡片编排用时	卡片编排熟练快速	40	1. 20min内完成，得40分； 2. 每超时3min，扣5分； 3. 该项扣完为止		

续表

序号	考核内容	考核要点	配分	评分标准	扣分	得分
3	索引书写	区册线路索引书写字迹工整、页面整洁、填写规范	20	1. 索引未填“户号（或表号）”项扣2分； 2. 索引未填“地址”项，扣4分 3. 序号填写错误，每处扣1分；涂改1次扣1分； 4. 该项扣完为止		
4	答题时间	40min内完成	—	计时结束终止考试，上交卡片及答题纸		
合计			100			

否定项：若考生发生下列情况之一，则应及时终止其试验，考生该试题成绩记为零分。

（1）不服从现场工作人员或裁判的组织安排、扰乱竞赛秩序者；

（2）有弄虚作假、篡改数据等行为者；

（3）操作违规、失误造成仪表设备设施损坏

评分人：　　　　年　　月　　日　　　　　　核分人：　　　　年　　月　　日

[试题2] 水表抄读（初级）

考场准备：

序号	名称	规格	单位	数量	备注
1	*DN*15旋翼式指针式旧表		只	5	已使用过的旧水表
2	*DN*15旋翼式数字式旧表		只	3	
3	*DN*20旋翼式指针式旧表		只	3	
4	*DN*25旋翼式指针式旧表		只	2	
5	*DN*40旋翼式指针式旧表		只	1	
6	*DN*50垂直螺翼指针式旧表		只	1	
7	答题纸		张	若干	
8	答题板		个	5	
9	计时器		个	1	不带通信功能

考生准备：

黑色或蓝色的签字笔。

考核内容：

（1）本题分值：100分

（2）考核时间：20min

（3）考核形式：实际操作

（4）具体考核要求：

1）在指定地点考试。

2）在规定时间内完成有关操作。

3）用黑色或蓝色的钢笔或签字笔记录。

4）记录表干净整洁，字迹工整。

5）能正确读取水表表号、口径，水表示数抄读准确。

（5）评分

配分与评分标准：

序号	考核内容	考核要点	配分	评分标准	扣分	得分
1	口径抄读	口径填写正确并与表号对应一致	20	1. 口径未填或填写错误，一项扣2分； 2. 口径填写未标识“*DN*”或“*ϕ*”字样，一处扣1分； 3. 该项扣完为止		
2	表号抄读	表号填写正确并与口径对应一致	20	1. 表号未填写或填写错误，一项扣2分； 2. 表号位数填写不全，或漏填厂牌等标识字母编号的，一处扣1分。 3. 该项扣完为止		
3	水表示数抄读	水表示数填写正确，按水表量程的每一刻度位写全	40	1. 水表示数未填写或填写错误，一项扣5分； 2. 示数位数不足（未补齐零位），一处扣2分； 3. 水表读数个位差值为±1，不扣分； 4. 该项扣完为止		
4	答题书写	口径、表号、读数书写字迹工整、页面整洁、填写规范	20	1. 书写潦草，无法识别，按答错扣分； 2. 未按现场水表摆放顺序填写，一处扣4分； 3. 涂改1次扣1分； 4. 该项扣完为止		
5	操作时间	20min时间	—	1. 每超时1min，扣2分； 2. 超过规定时间5min后，停止操作		
合计			100			

否定项：若考生发生下列情况之一，则应及时终止其试验，考生该试题成绩记为零分。

（1）不服从现场工作人员或考官的组织安排、扰乱考试秩序。

（2）操作失误造成设备损坏或人员受伤

评分人：　　　　年　　月　　日　　　　　　核分人：　　　　年　　月　　日

供水客户服务员中级（四级 中级工）

操作技能试题

[试题1] 水表抄读（中级工）

考场准备：

序号	名称	规格	单位	数量	备注
1	*DN*15 旋翼式指针式旧表		只	5	已使用过的旧水表
2	*DN*25 旋翼式指针式旧表		只	3	已使用过的旧水表
3	*DN*40 旋翼式指针式旧表		只	2	已使用过的旧水表
4	*DN*50 垂直螺翼指针式旧表		只	2	已使用过的旧水表
5	*DN*80 垂直螺翼指针式旧表		只	3	已使用过的旧水表
6	*DN*200 水平螺翼指针式旧表		只	1	已使用过的旧水表
7	答题纸		张	若干	
8	答题板		个	5	
9	计时器		个	1	不带通信功能

考生准备：

黑色或蓝色的签字笔。

考核内容：

（1）本题分值：100 分

（2）考核时间：20min

（3）考核形式：实际操作

（4）具体考核要求：

1）在指定地点考试。

2）在规定时间内完成有关操作。

3）用黑色或蓝色的钢笔或签字笔记录。

4）记录表干净整洁，字迹工整。

5）能正确识别水表类型，读取水表表号、口径，水表示数抄读准确。

（5）评分

配分与评分标准：

序号	考核内容	考核要点	配分	评分标准	扣分	得分
1	水表类型识别	水表类型填写详细准确	10	1. 水表类型未填或填写错误，一项扣2分； 2. 水表类型填写不全，如“垂直螺翼式水表”写成“螺翼式水表”，一处扣1分； 3. 该项扣完为止		
2	口径抄读	口径填写正确并与表号对应一致	10	1. 口径未填或填写错误，一项扣2分； 2. 口径填写未标识“DN”或“ϕ”字样，一处扣1分； 3. 该项扣完为止		
3	表号抄读	表号填写正确并与口径对应一致	10	1. 表号未填写或填写错误，一项扣2分； 2. 表号位数填写不全，或漏填厂牌等标识字母编号的，一处扣1分。 3. 该项扣完为止		
4	水表示数抄读	水表示数填写正确，按水表量程每一刻度位写全	50	1. 水表示数未填写或填写错误，一项扣5分； 2. 示数位数不足（未补齐零位），一处扣2分； 3. 水表读数个位差值为±1，不扣分； 4. 该项扣完为止		
5	答题书写	口径、表号、读数书写字迹工整、页面整洁、填写规范	20	1. 书写潦草，无法识别，按答错扣分； 2. 未按现场水表摆放顺序填写，一处扣4分； 3. 涂改1次扣1分； 4. 该项扣完为止		
6	操作时间	20min时间	—	1. 每超时1min，扣2分； 2. 超过规定时间5min后，停止操作		
合计			100			

否定项：若考生发生下列情况之一，则应及时终止其试验，考生该试题成绩记为零分。

（1）不服从现场工作人员或考官的组织安排、扰乱考试秩序。

（2）操作失误造成设备损坏或人员受伤

评分人：　　　　　年　　月　　日　　　　　　核分人：　　　　　年　　月　　日

[试题 2] 水表故障判断（中级）

考场准备：

序号	名称	规格	单位	数量	备注
1	旋翼式指针式旧表		只	1	有“指针不正”或“指针脱落”故障的
2	旋翼式指针式旧表		只	1	有“灵敏针不走”故障的
3	旋翼式指针式旧表		只	1	有“表壳漏水”故障的
4	垂直螺翼指针式旧表		只	1	有“水表倒装”故障的
5	垂直螺翼指针式旧表		只	1	有“铅封脱落”故障的
6	答题纸		张	若干	
7	答题板		个	5	
8	指示牌		个	1	用以标识进水方向
9	水表串联装置		个	1	可以将以上水表串联安装，并通水使水表运转的装置均可
10	计时器		个	1	不带通信功能

考生准备：

黑色或蓝色的签字笔。

考核内容：

（1）本题分值：100 分

（2）考核时间：30min

（3）考核形式：实际操作

（4）具体考核要求：

1）在指定地点考试作答。

2）在规定时间内完成答卷。

3）用黑色或蓝色的钢笔或签字笔答题。

4）试卷卷面干净整洁，字迹工整。

5）准确判断水表故障类型，准确填写水表示数。

（5）评分

配分与评分标准：

序号	考核内容	考核要点	配分	评分标准	扣分	得分
1	水表抄读	水表示数填写正确，按水表量程每一刻度位写全	20	1. 水表示数未填写或填写错误，一项扣 5 分； 2. 示数位数不足（未补齐零位），一处扣 2 分； 3. 水表读数个位差值为±1，不扣分； 4. 该项扣完为止		
2	表号抄读	表号填写正确并与口径对应一致	10	1. 表号未填写或填写错误，一项扣 2 分； 2. 表号位数填写不全，或漏填厂牌等标识字母编号的，一处扣 1 分； 3. 该项扣完为止		
3	水表故障	水表故障填写准确	60	1. 故障现象未填全的，一项扣 5 分； 2. 故障现象描述不准确的，一处扣 2 分； 3. 该项扣完为止		

续表

序号	考核内容	考核要点	配分	评分标准	扣分	得分
4	答题书写	口径、表号、读数书写字迹工整、页面整洁、填写规范	10	1. 书写潦草，无法识别，按答错扣分； 2. 未按现场水表摆放顺序填写，一处扣1分； 3. 涂改1次扣1分； 4. 该项扣完为止		
5	操作时间	30min时间	—	1. 每超时3min，扣2分； 2. 超过规定时间10min后，停止操作		
合计			100			

否定项：若考生发生下列情况之一，则应及时终止其试验，考生该试题成绩记为零分。

（1）不服从现场工作人员或考官的组织安排、扰乱考试秩序。

（2）操作失误造成设备损坏或人员受伤

评分人：　　　　年　　月　　日　　　　　　核分人：　　　　年　　月　　日

[试题3] 计算机的操作

考场准备：

序号	名称	规格	单位	数量	备注
1	计算机		台	10	
2	未编辑的WORD文档			1	嵌入考试软件中
3	未编辑的EXCEL文档		个	1	嵌入考试软件中
4	开发好的考试软件		套	1	用于记录考生答题过程
5	计时器		个	1	

考生准备：

无。

考核内容：

（1）本题分值：100分

（2）考核时间：15min

（3）考核形式：实际操作

（4）具体考核要求：

1）在指定地点进行操作考试。

2）在规定时间内完成操作内容。

3）掌握简单的WORD编辑功能，掌握简单的EXCEL数据处理功能。

（5）评分

配分与评分标准：

序号	考核内容	考核要点	配分	评分标准	扣分	得分
1	准备	按答题要求找到考试文件并打开	10	未能找到并打开文件的，此项不得分		
2	WORD操作	按答题要求修改相应内容，并按要求格式调整内容格式，保存后关闭	40	1. 未按要求完成，一项扣3分； 2. 误删除有关内容的，一项扣5分； 3. 格式调整未按要求完成的，一项扣5分； 4. 该项扣完为止		
3	EXCEL	排序、筛选、求和操作	40	1. 未排序或排序关键项错误的，扣5分； 2. 未按要求筛选相关内容的，一项扣5分； 3. 未按要求完成求和操作的，一项扣5分		
4	操作时间	15min内完成	10	完成时间：每项操作过程应控制在15min内，超过规定时间未完成者，该项不得分		
合计			100			

否定项：若考生发生下列情况之一，则应及时终止其试验，考生该试题成绩记为零分。

(1) 不服从现场工作人员或考官的组织安排、扰乱考试秩序。

(2) 操作失误造成设备损坏或人员受伤

评分人：　　　　年　　月　　日　　　　核分人：　　　　年　　月　　日

供水客户服务员高级（三级 高级工）

操作技能试题

[试题1] 水表抄读（高级工）

考场准备：

序号	名称	规格	单位	数量	备注
1	*DN*25 旋翼式指针式水表		只	2	已使用过的旧表
2	*DN*40 旋翼式指针式水表		只	2	已使用过的旧表
3	*DN*50 垂直螺翼指针式水表		只	2	已使用过的旧表
4	*DN*80 垂直螺翼指针式水表		只	1	已使用过的旧表
5	*DN*80 西门子电磁流量计		只	1	已使用过的旧表
6	*DN*100 垂直螺翼远传式水表		只	1	已使用过的旧表
7	*DN*200 超声波水表		只	1	已使用过的旧表
8	答题纸		张	若干	
9	答题板		个	5	
10	计时器		个	1	不带通信功能

考生准备：

黑色或蓝色的签字笔。

考核内容：

（1）本题分值：100 分

（2）考核时间：20min

（3）考核形式：实际操作

（4）具体考核要求：

1）在指定地点考试。

2）在规定时间内完成有关操作。

3）用黑色或蓝色的钢笔或签字笔记录。

4）记录表干净整洁，字迹工整。

5）能正确识别水表类型，读取水表表号、口径，水表示数抄读准确，读取电子水表的相关参数。

（5）评分

配分与评分标准：

序号	考核内容	考核要点	配分	评分标准	扣分	得分
1	水表类型识别	水表类型填写详细准确	10	1. 水表类型未填或填写错误，一项扣2分； 2. 水表类型填写不全，如“垂直螺翼式水表”写成“螺翼式水表”，一处扣1分； 3. 该项扣完为止		
2	口径抄读	口径填写正确并与表号对应一致	10	1. 口径未填或填写错误，一项扣2分； 2. 口径填写未标识“DN”或“ϕ”字样，一处扣1分； 3. 该项扣完为止		
3	表号抄读	表号填写正确并与口径对应一致	10	1. 表号未填写或填写错误，一项扣2分； 2. 表号位数填写不全，或漏填厂牌等标识字母编号的，一处扣1分； 3. 该项扣完为止		
4	水表示数抄读	水表示数填写正确，按水表量程每一刻度位写全	50	1. 水表示数未填写或填写错误，一项扣5分； 2. 示数位数不足（未补齐零位），一处扣2分； 3. 水表读数个位差值为±1，不扣分； 4. 该项扣完为止		
5	答题书写	口径、表号、读数书写字迹工整、页面整洁、填写规范	20	1. 书写潦草，无法识别，按答错扣分； 2. 未按现场水表摆放顺序填写，一处扣4分； 3. 涂改1次扣1分； 4. 该项扣完为止		
6	操作时间	20min时间	—	1. 每超时1min，扣2分； 2. 超过规定时间5min后，停止操作		
合计			100			

否定项：若考生发生下列情况之一，则应及时终止其试验，考生该试题成绩记为零分。

（1）不服从现场工作人员或考官的组织安排、扰乱考试秩序。

（2）操作失误造成设备损坏或人员受伤

评分人：　　　　年　月　日　　　　核分人：　　　　年　月　日

[试题2] 远传系统操作

考场准备（每人一份）：

序号	名称	规格	单位	数量	备注
1	答题纸		份	1	
2	草稿纸		张	1	
3	计时器		个	1	不带通信功能

考生准备：

黑色或蓝色的签字笔。

考核内容：

（1）本题分值：100 分

（2）考核时间：30min

（3）考核形式：笔试

（4）具体考核要求：

1）在指定地点考试作答。

2）在规定时间内完成答卷。

3）用黑色或蓝色的钢笔或签字笔答题。

4）试卷卷面干净整洁，字迹工整。

5）熟练掌握远传系统的功能操作。

6）能够读取远传水表累计流量、小时流量，能够判断水表的使用特性，能够根据管理考核表的夜间最小流量进行管网漏控。

（5）评分

配分与评分标准：

序号	考核内容	考核要点	配分	评分标准	扣分	得分
1	累计流量读取	填写指定户号、指定日期的累计流量值	20	未填写或填写错误，每处扣 2 分，扣完为止		
2	小时流量读取	填写指定表号、指定日期的累计流量值	20	未填写或填写错误，每处扣 2 分，扣完为止		
3	夜间最小流量	填写指定小区的夜间最小流量	20	未填写或填写错误，每处扣 2 分，扣完为止		
4	判断小区用水及管网状况	根据小区历史用量判断小区入住率水平；根据夜间对最小流量对应的各种可能性并判断小区管网出现疑似损漏的时间，并提出对应的措施	40	1. 未填写日累计流量值的，一项扣 2 分； 2. 未填写小区夜间最小流量或填写错误，一项扣 2 分； 3. 未说明小区管网漏损情况或判断不准确，一项扣 2 分； 4. 未填写夜间最小流量对应的管理措施，或填写不准确，一项扣 2 分		
5	卷面整洁			卷面不整洁扣 5 分		
合计			100			
否定项：若考生发生作弊行为，则应及时终止考试，考生该试题成绩记为零分						

评分人：　　　　　　年　　月　　日　　　　　　核分人：　　　　　　年　　月　　日

[试题 3] 故障表判断（高级工）

考场准备：

序号	名称	规格	单位	数量	备注
1	旋翼式指针式旧表		只	1	有“指针不正”或“指针脱落”故障的
2	旋翼式指针式旧表		只	1	有“灵敏针不走”故障的
3	旋翼式指针式旧表		只	1	有“表壳漏水”故障的
4	垂直螺翼指针式旧表		只	1	有“水表倒装”故障的
5	垂直螺翼指针式旧表		只	1	有“铅封脱落”故障的
6	无水表钢印号的非在册表一只		只	1	非在册旧水表
7	答题纸		张	若干	
8	答题板		个	5	
9	指示牌		个	1	用以标识进水方向
10	水表串联装置		个	1	可以将以上水表串联安装，并通水使水表运转的装置均可
11	计时器		个	1	不带通信功能

考生准备：

黑色或蓝色的签字笔。

考核内容：

(1) 本题分值：100 分

(2) 考核时间：30min

(3) 考核形式：实际操作

(4) 具体考核要求：

① 在指定地点考试作答。

② 在规定时间内完成答卷。

③ 用黑色或蓝色的钢笔或签字笔答题。

④ 试卷卷面干净整洁，字迹工整。

⑤ 准确判断水表故障类型，准确填写水表示数。

⑥ 根据水表故障类型，填写相应的处置方法；选择并填写相应的水表要做单。

(5) 评分

配分与评分标准：

序号	考核内容	考核要点	配分	评分标准	扣分	得分
1	水表抄读	水表示数填写正确，按水表量程每一刻度位写全	20	1. 水表示数未填写或填写错误，一项扣5分； 2. 示数位数不足（未补齐零位），一处扣2分； 3. 水表读数个位差值为±1，不扣分； 4. 该项扣完为止		

续表

序号	考核内容	考核要点	配分	评分标准	扣分	得分
2	表号抄读	表号填写正确并与口径对应一致	10	1. 表号未填写或填写错误，一项扣2分； 2. 表号位数填写不全，或漏填写厂牌等标识字母编号的，一处扣1分； 3. 该项扣完为止		
3	水表故障	水表故障填写准确	30	1. 故障现象未填写齐全的，一项扣5分； 2. 故障现象描述不准确的，一处扣2分； 3. 该项扣完为止		
4	水表故障处理	填写正确的处理方式，并开发水表工作单	30	1. 故障对应的处理方式不正确或未填的，一项扣5分； 2. 水表工作单填写错误或内容填写不全的，一处扣2分； 3. 该项扣完为止		
5	答题书写	口径、表号、读数书写字迹工整、页面整洁、填写规范	10	1. 书写潦草，无法识别，按答错扣分； 2. 未按现场水表摆放顺序填写，一处扣1分； 3. 涂改1次扣1分； 4. 该项扣完为止		
6	操作时间	30min时间	—	1. 每超时3min，扣2分； 2. 超过规定时间10min后，停止操作		
合计			100			

否定项：若考生发生下列情况之一，则应及时终止其试验，考生该试题成绩记为零分。
(1) 不服从现场工作人员或考官的组织安排、扰乱考试秩序。
(2) 操作失误造成设备损坏或人员受伤

评分人：　　　　年　　月　　日　　　　　　核分人：　　　　年　　月　　日

[试题4] 根据《供水客户服务员基础知识与专业实务》5.2节表具的性能与选型，做培训指导

考场准备（每人一份）：

序号	名称	规格	单位	数量	备注
1	投影仪		台	1	
2	投影屏		面	1	
3	笔记本电脑		台	1	
4	计时器		只	1	不带通信功能
5	翻页笔		支	1	

考生准备：

黑色或蓝色的签字笔、记录纸。

考核内容：

（1）本题分值：100 分

（2）考核时间：30min

（3）考核形式：实际操作

（4）具体考核要求：

1）在指定地点进行操作考试。

2）在规定时间内完成培训指导。

3）根据给定题目事先制作好课件，考试中结合课件授课（15min），评委根据课件内容提出相关问题（不超过 3 题），由考生解答。

（5）评分

配分与评分标准：

序号	考核内容	考核要点	配分	评分标准	扣分	得分
1	课件内容	课件内容全面，重点突出	10	定义、原理、分类、重要参数及运行操作等，缺少一项扣 3 分		
2		内容正确	10	授课内容无错误，文字，符号，单位和公式等错误一处扣 5 分，有不当言论不得分		
3		逻辑清晰，过渡自然	5	逻辑、顺序混乱，一处扣 2 分，扣完为止		
4	课件制作	排版合理，详略得当	10	布局、字体凌乱扣 5 分，课件不少于 10 页，每少一页扣 1 分		
5		合理运用多媒体	10	课件采用图片、图表、视频等表现方式；没有采用扣 10 分，只采用 1 次扣 5 分		
6	课堂教学	字正腔圆，声音洪亮	10	普通话发音影响听课扣 5 分，音量过低扣 5 分		
7		仪态自然，语速适宜	10	衣冠不整扣 5 分、语速过快或过慢扣 5 分		
8		具有互动交流	10	授课过程中不少于 2 次通过提问、讨论、举例等方式互动。少一次扣 5 分		
9		熟练掌握授课内容	5	不能脱稿扣 5 分		
10		控制授课时长	5	授课时长 15min，相差 2min 之内不扣分，超出 2min 的，每 1min 扣 1 分（不足 1min 按 1min 计），最长不超过 20min		
	答辩	准确回答问题	15	回答评委提出的问题，不回答扣 15 分，回答不准确评委酌情扣分		
合计			100			

否定项：若考生发生下列情况之一，考生该试题成绩记为零分。

（1）未制作课件。

（2）损坏教具

评分人：　　　　年　　月　　日　　　　　　核分人：　　　　年　　月　　日

第三部分　参考答案

第 1 章　城市供水行业的概述

一、单选题

1. D　2. A　3. C　4. D　5. A　6. C　7. A　8. D　9. C　10. D
11. D　12. D　13. B　14. C　15. C　16. A　17. B　18. C　19. C　20. C

二、多选题

1. ABCD　2. ABCE　3. ABD　4. BCDE　5. ABCD
6. AB　7. ABCE　8. ABDE　9. BC　10. BCDE

【解析】

1. 化工厂不得建立在饮用水水源一级保护区内。

2. 一般物理指标不在饮用水水质指标内。饮用水指标分为微生物指标、毒理指标、感官性状和一般化学指标、放射性、消毒剂指标五类。

3. 水泵扬程等于静扬程、水投损失和自由水头之和。C、D 选项概念错误。

4. 水塔是给水系统中保证水压的构筑物，不会造成水头损失。

5. E 选项属于广义范畴与本题不符。

6. 集中式及分散式供水已经涵盖了所有形式和规模的供水形式。

7. 气泡可以存着。

8. 气压供水的缺点是水压存在波动、供水能力较小。

9. 枝状网的可靠性较差，投资较省。

10. 还包括低位水池（箱），A 选项错误。

三、判断题

1. √　2. √　3. ×　4. ×　5. ×　6. √　7. ×　8. ×　9. ×　10. √

【解析】

3. 首先，要保证流行病学安全，不得含有病原微生物；其次，要保证化学物质和放射性物质安全，化学污染物和放射性物质不得危害人体健康，不得产生急性或慢性中毒及潜在的远期危害（致癌、致畸、致突变）；再次，要保证水的感官性状良好，饮用水感官性状和一般理化指标应经消毒处理并为用户所接受。

4. 不能低于直供水的水质标准。

5. 对于要求供水压力相差较大，而采用分压供水的管网，也可建造调节水池泵站，由低压区进水，经调节水池并加压后供应高压区。对于供水管网末梢的延伸地区，如为了满足要求水压需提高水厂出厂水压时，经过经济比较也可设置调节水池泵站。

7. 江苏省现行的《江苏省城乡供水管理条例》是在2011年颁布的。

8. 饮用水水源保护区分为一级保护区、二级保护区。

9. 二次供水水箱的容积设计不得超过用户48h的用水量。

四、简答题

1. 首先，要保证流行病学安全，不得含有病原微生物；其次，要保证化学物质和放射性物质安全，化学污染物和放射性物质不得危害人体健康，不得产生急性或慢性中毒及潜在的远期危害（致癌、致畸、致突变）；再次，要保证水的感官性状良好，饮用水感官性状和一般理化指标应经消毒处理并为用户所接受。

2. 包括增压设备和高位水池（箱）联合供水、变频调速供水、叠压供水、气压供水。

3. 供水系统大致分为取水工程、水处理工程和输配水工程。取水构筑物、水处理构筑物、泵站、输水管渠和管网、调节构筑物这些工程设施。

第2章　数据统计管理基础知识

一、单选题

1. D　2. C　3. D　4. A　5. B　6. A　7. C　8. D　9. A　10. B
11. D　12. A　13. C　14. B　15. D　16. C　17. C　18. D　19. A　20. B
21. D　22. A　23. C　24. B　25. D

二、多选题

1. ABCDE　2. ABCD　3. ABCDE　4. BCE　5. ACDE　6. ABCD
7. ACD　8. ABCD　9. ACD　10. ABCDE　11. CD　12. ABCD

三、判断题

1. √　2. ×　3. ×　4. √　5. √　6. √　7. √　8. ×　9. ×　10. √

【解析】

2. 总量指标是反映客观现象总体在一定时间、地点条件下的总规模、总水平的综合指标。

3. 计划完成程度 $=\dfrac{\text{实际完成数（\%）}}{\text{计划任务数（\%）}}=\dfrac{12\%+100\%}{10\%+100\%}=\dfrac{112\%}{110\%}=1.018=101.8\%$

8. 指数通常是被研究现象两个时期数值比较的结果，一般用百分数表示。作为比较基础的分母称为基期水平，而用来与基期做比较的分子称为计算期水平，也称为报告期水平。

9. 帕氏质量指标指数表示为：$I_{\mathrm{p}}=\dfrac{\sum Q_1P_1}{\sum Q_1P_0}$，帕氏数量指标指数：$I_{\mathrm{q}}=\dfrac{\sum Q_1P_1}{\sum Q_0P_1}$。

题目中 $\dfrac{\sum Q_1P_1}{\sum Q_0P_1}$ 很明显是数量指标指数，不是质量指标指数，因此，肯定是错误的。

四、简答题

1. 统计调查，就是按照统计设计预定的目标，采用科学的统计方法，有计划地搜集各个总体单位有关标志的原始资料的过程。统计调查在统计工作过程中处于基础阶段，是统计工作能正确开展的前提和基础，也是决定整个统计工作质量的重要环节。只有通过调查取得合乎实际的原始资料，后期统计整理和分析结果才有可能得到反映客观实际的正确结论。

对一项统计调查的基本要求是：准确、及时、全面、经济。

2. 根据不同的调查对象和调查条件，在统计调查中搜集资料的方法也会不同，常见的资料搜集方法主要有以下几种：

① 直接观察法

直接观察法就是由调查人员在现场对调查对象亲自进行观察、计量以取得原始资料的一种调查方法。

② 报告法

报告法，也就是报表法。这种方法就是由调查单位按照有关规定和隶属关系，逐级向上提供统计资料的方法。

③ 访问法

访问法是由调查人员携带调查表向被调查者逐项询问，将答案填入表内的方法。

④ 问卷法

问卷法是用通信方式发出问卷，以答卷形式，由被调查者自愿回答后反馈给调查者的一种搜集资料的方法。

3. 调查问卷必须要精心设计，通常要注意以下几点：

① 问题要简明扼要，概念表达要清楚。措辞不能过于学术化、让人晦涩难懂。在设计问题时，要始终考虑被调查者的语言能力，尽量选择每个人都容易理解的词语。

② 措辞要具体，以确保调查者能确切理解对他们的要求。

③ 问卷中备选的项目必须具有互斥性，不能让被调查者因为问卷设计得不合理而产生困惑，从而影响调查质量。

④ 要避免使用意义双关的问题，如果在一项提问中包含了两项以上的内容，被调查者就很难回答。

⑤ 要避免诱导性问题。问卷中提出的问题不能带有倾向性，而应保持中立。诱导性问题能误导调查回答并影响调查结果。

⑥ 避免使用包含双重否定的句子结构。

总之，在做调查设计时，应考虑到被调查对象的各种情况，并加以周全考虑，以保证调查质量。

4. 综合描述总体数量特征常用的指标有：总量指标、相对指标、平均指标。

① 总量指标是指客观现象总体在一定时间、地点条件下的总规模、总水平的综合指标。例如：2016 年年底中国内地总人口为 138271 万人、2016 年全年国内生产总值 744127 亿元、某市 2016 年全年售水量 5.2 亿 m^3。

② 相对指标是指社会经济现象中两个相互联系的指标数值之比，用以反映现象总体内部的结构、比例、发展状况或与其他总体的对比关系，其数值表现为相对数。如：累计至第三季度止售水量完成全年计划的进度 93.33%。男性对女性的相对比例 120%等。

③ 平均指标是指反映客观现象总体各单位某一数量标志一般水平的综合指标。如职工的平均工资、平均水价、人均国民生产总值等。又如，100 个工人的平均日产量 32.05 件/人。这些都是平均指标。

第3章 会计学基础

一、单选题

1. D　2. C　3. D　4. A　5. B　6. A　7. C　8. D　9. A　10. B
11. B　12. A　13. C　14. B　15. D　16. C　17. C　18. D　19. A　20. B
21. D　22. A

二、多选题

1. ABC　2. ABCD　3. ABCE　4. BCE　5. ACDE　6. ABCE
7. BCD　8. ABCD　9. ACDE　10. ABCDE　11. CD　12. BCE

三、判断题

1. √　2. ×　3. ×　4. √　5. √　6. √　7. √　8. ×　9. ×　10. √

【解析】

2.《中华人民共和国会计法》是狭义的会计法。

3. 资产预期会给企业带来经济利益。

8. 会计电算化是一个人机相结合的系统，其核心部分是功能完善的会计软件资源。

9. 货币资金是企业流动资产的审查重点。

四、简答题

1. 会计六要素为：资产、负债、所有者权益（股东权益）、收入、费用（成本）和利润。

其中，资产、负债、所有者权益（股东权益）三项会计要素侧重反映企业的财务状况，构成资产负债表要素；收入、费用（成本）和利润三项会计要素侧重于反映企业的经营成果，构成利润表要素。会计要素是会计对象的具体化，是会计基本理论研究的基石，更是会计准则建设的核心。

2. 会计科目设置的原则包括：

会计科目全面性原则；

会计科目合法性原则；

会计科目相关性原则；

会计科目清晰性原则；

会计科目简要实用性原则。

3. 会计的一般原则，又称“会计准则”，是建立在会计目标、会计假设及会计概念等会计基础理论上具体确认和计量会计事项所应当依据的概念和规则。新准则下有 8 个基本原则，分别是：客观性原则、实质重于形式原则、相关性原则、重要性原则、可比性原则、及时性原则、明晰性原则、谨慎性原则。

4. 会计电算化是以电子计算机为主的当代电子技术和信息技术应用到会计实务中的简称，是一个应用电子计算机实现的会计信息系统，在与传统手工会计的区别上：

电算化会计建立了一套新的会计资料档案，查询速度快、检索能力强，可以快速传递会计信息。

电算化会计在数据处理程序上有新的特点，对于数据的处理精度高、速度快，可以采用一种统一的核算形式，且出错概率小。

会计电算化的记账含义与传统手工会计不同，电算化后，记账是一个数据处理过程。

会计电算化在流程处理上，具有速度快、质量高、针对性强的特点。

5. 企业现金的使用范围包括：

① 职工的工资，津贴。

② 个人劳务报酬。

③ 根据国家规定颁发给个人的科学技术，文化艺术，体育等各种奖金。

④ 各种劳保，福利费用以及国家规定的对个人的其他支出。

⑤ 向个人收购农副产品和其他物资的价款。

⑥ 出差人员必须随身携带的差旅费。

⑦ 结算起点以下的零星开支。

⑧ 中国人民银行确定需要支付现金的其他支出。结算起点定为 1000 元。结算起点的调整，由中国人民银行确定，报国务院备案。

6. 支票是出票人签发的，委托办理存款业务的银行或其他金融机构在见票时无条件支付确定金额给收款人或持票人的票据。适用于同城或同一票据交换区域内商品交易、劳务供应等款项的结算。支票分为现金支票、转账支票和普通支票。现金支票只能提取现金；转账支票只能用于转账；普通支票既可用于支取现金，也可用于转账。在普通支票左上角划两条平行线的为划线支票，只能用于转账，不得支取现金。转账支票可在票据交换区域内背书转让。

支票一律记名；支票提示付款期为 10 天；企业不得签发空头支票，严格控制空白支票。

支票以银行或其他金融机构作为付款人并且见票即付。已签发的现金支票遗失的，可向银行申请挂失，但挂失前已支取的除外；已签发的转账支票遗失，银行不受理挂失。

第4章　计算机与信息技术基础

一、单选题

1. D　2. C　3. D　4. C　5. C　6. A　7. C　8. D　9. D　10. A
11. D　12. A　13. D　14. B　15. A　16. D　17. B　18. D　19. B　20. B
21. B　22. B

二、多选题

1. ABCDE　2. AB　3. ABCE　4. BCE　5. ACDE　6. ABCDE
7. ABC　8. ABCD　9. ABC　10. ABCDE　11. CD　12. ABC

三、判断题

1. √　2. ×　3. ×　4. √　5. √　6. √　7. √　8. ×　9. ×　10. √

【解析】

2. Delete 命令用于删除表中的数据，如删除由系统异常或人为操作不当而重复上传的抄表记录。

3. Access 是典型的桌面数据库。连接 Access 数据源很简单，Windows 自带数据源连接。

8. 通常人们都将 Excel 看作电子表格，但只要 Excel 按数据库的方式组织数据，就可将其当作数据库使用。此时，我们可以像操作数据库那样来操作 Excel，运用 SQL 语句对数据进行查询、排序、分组、计算，使用起来更加方便。

9. Windows XP 是第一个采用 NT 内核的 Windows 消费者版本，现微软 Windows XP 系统已经正式“退休”，微软不再提供官方服务支持。

四、简答题

1. 开放系统互连参考模型（Open System Interconnect 简称 OSI）是国际标准化组织（ISO）和国际电报电话咨询委员会（CCITT）联合制定的开放系统互连参考模型，为开放式互连信息系统提供了一种功能结构的框架。它从低到高分别是：物理层、数据链路层、网络层、传输层、会话层、表示层和应用层。

2. 一个典型的应用场景就是使用 C/S 架构，构建三层结构，客户端使用 C#. Net 或 VB. Net 等语言开发，中间层提供连接支持及相关组件服务，服务端主要运行 Oracle 数据库。

3. 客户服务管理系统通常需要具备以下功能：

① 高效的话务处理与统计功能；

② 独立的知识库子系统；

③ 工作流引擎；

④ 与营业收费等系统的集成。

4. 云计算的特点：

① 高可靠性；

② 高扩展性；

③ 虚拟技术；

④ 廉价性。

5. 云计算的组成可以分为六个部分，它们由下至上分别是：基础设施、存储、平台、应用、服务和客户端。

6. 大数据与云计算是密不可分的，云计算的架构支撑了大数据处理和大数据应用，反过来，因为大数据处理和大数据应用的存在，云计算才变得更有意义。大数据离不开云处理，云处理为大数据提供了弹性可拓展的基础设备，是产生大数据的平台之一。自2013年开始，大数据技术已开始和云计算技术紧密结合，预计未来两者关系将更为密切。除此之外，物联网、移动互联网等新兴计算形态，也将一齐助力大数据革命，让大数据营销发挥出更大的影响力。

第 5 章　表具管理与应用

一、单选题

1. A	2. C	3. D	4. C	5. D	6. B	7. D	8. A	9. D	10. A
11. A	12. C	13. D	14. B	15. C	16. D	17. B	18. A	19. B	20. D
21. D	22. D	23. B	24. A	25. A	26. D	27. B	28. C	29. A	30. B
31. A	32. A	33. A	34. A	35. D	36. B	37. C	38. C	39. A	40. D
41. D	42. D	43. D	44. D	45. A	46. B	47. D	48. B	49. B	50. A
51. B	52. A	53. D	54. B	55. D	56. D	57. C	58. C	59. C	60. B
61. A	62. C	63. C	64. B	65. C	66. C	67. C	68. C	69. C	70. C
71. A	72. C	73. C	74. A	75. C	76. C	77. C	78. C	79. A	80. B
81. D	82. A	83. C	84. B	85. B	86. C	87. B	88. B	89. D	90. A
91. B	92. D	93. A	94. C	95. A	96. C	97. A	98. A	99. B	100. B
101. D	102. A	103. C							

【解析】

11. 表具的管理业务是复杂的，涉及供水企业的计量部门、技术部门、工程部门、财务部门及应收部门等，许多工作需要各个部门紧密协作完成。并不是简单的水表管理。

30. 通常根据计量表具的测量原理、计量等级、介质温度、介质压力、水表形式、公称口径、用途等划分为不同类型。

31. 我国普通水表的公称压力（或最大允许工作压力）一般均为 1MPa，高压水表是指最大使用压力超过 1MPa 的各类水表，主要用于流经管道的油田地下注水及其他工业用水的测量。

32. 小口径水表用管螺纹与管道连接，大口径水表以法兰与管道法兰连接。小口径水表包括 15mm、20mm、25mm、40mm 四种常用规格；大口径水表包括 50mm 以上规格。

34. 根据计量表具的测量原理、计量等级、介质温度、介质压力、水表形式、公称口径、用途等将水表划分为不同类型。按计量元件的运动原理分为速度式、容积式、电子式。

35. 干式水表：计数器不浸入水中的水表，表盘和指针都是“干”的。水表表玻璃不受水压，受冻后不会因表玻璃受压破裂引起漏水。湿式水表：计数器浸入水中的水表，因表盘和指针都是“湿”的而得名。其表玻璃承受水压，水结冰后膨胀易导致水表玻璃破裂引起漏水。

71. 水表检定装置可分为容积式、称量式、标准表式和活塞式。目前我国大多数的冷水水表的检定装置为容积式，其余形式由于检定效率高而越来越多被采用。

74. 水表安装需满足上、下游侧的直管段长度要求，即水表的上游侧和下游侧需满足前 10D 和后 5D（D 表示管道直径）的直管段长度要求。

83. 本题重点为指针式水表的抄读。

二、多选题

1. ABC	2. ABC	3. AB	4. AE	5. ABE	6. ADE
7. ABDE	8. ABCE	9. ABC	10. ABCDE	11. ABCDE	12. ABCDE
13. ABC	14. AB	15. ABCDE	16. BCE	17. ACD	18. ABCDE
19. BD	20. ABDE	21. ABCDE	22. ABCD	23. ABCD	24. ABCD
25. ABCDE	26. ABC	27. ABC	28. ABCD	29. ABCD	30. AE
31. ACDE	32. BC	33. BC	34. ABCDE	35. AB	36. ABCDE
37. ABCDE	38. ABCDE	39. ABCDE	40. ABCDE	41. ABCDE	42. ABCD
43. ABCE	44. ABCDE	45. ACE	46. CDE	47. ABCD	48. ABC
49. ABC	50. ABC	51. ABCDE	52. ABC		

【解析】

7. 水表出厂后应进行检定，确保水表计量的准确性，检定合格的表具上要贴有合格标志，包括合格证编号、检定日期、有效期、检定员编号等。出厂日期非必要内容。

8. 存放表具的仓库应保持清洁、干燥，水表应摆放整齐，不得倒置，堆码不得过高。

10. 水表发放时登记所发水表的类型、规格、数量、编号（表号）、安装地址、领用人等发放记录一般一式三份，发表表库一份，领用水表部门一份，账务部门留存一份作为结算依据。

12. 水表型号、水表编号、安装日期、安装地址及安装位置（如进户、埋地、管廊等）均与水表相关，是用于水表管理的档案信息。

34. 表具维护是供水企业在城市供用水管理的重点工作之一。一般包括表具日常巡检维护、防冻维护、资料维护、数据平台维护、换表及表位维护。

35. 居民生活指一般家庭生活用水，根据住宅建设情况常用小口径水表。小口径常用规格为 15mm、20mm、25mm、40mm。

36. 参照《中华人民共和国强制检定的工作计量器具目录》，其他强制检定的工作计量器具均实施周期检定。

37. 更换水表时应等级换表工程单，必须记录的信息有换表时间、换表地址、换表原因、原装水表信息（口径、编号、类型、字码）、新装水表信息（口径、编号、类型、字码），换表人等。

38. 常用的现场查勘工作主要包括：见表难度、安全隐患、防冻隐患、短期内是否做过表位维护工程情况、造成表位问题的原因、申报内容是否与实际相符、查勘结果及施工方案。

48. 水表远传系统从工作原理分可分为脉冲发讯式和直读式；从线路布线方式分可分为一线制和分线制；从形体结构分可分为一体式和分体式。

三、判断题

1.√　2.√　3.√　4.×　5.×　6.×　7.×　8.×　9.√　10.×
11.×　12.√　13.√　14.√　15.√　16.×　17.√　18.√　19.√　20.×
21.×　22.×　23.√　24.√　25.×　26.√　27.√　28.√　29.×　30.√
31.√　32.×　33.×　34.√　35.√　36.×　37.√　38.×　39.√　40.√
41.√　42.×　43.√　44.√　45.√　46.√　47.×　48.×　49.√　50.√
51.√　52.×　53.×　54.√　55.√　56.×　57.×　58.√　59.√

【解析】

4. “水平”安装是指水表的进出水方向与水流方向一致；水表除了水平安装还可以垂直安装，如立式水表的进出水方向与水流方向垂直。

5. 水表的维护包括防冻维护、防损维护、其他与水表相关的水表资料等内容，不仅仅针对水表质量。

6. 水表的销户表明用水人与供水企业终止供用水关系，除拆表外还涉及供水管道的废除，用水人的账户注销等。“报停拆表”针对的是暂时不适用的情况，不涉及供用水关系变化。

7. 根据国务院《城市供水管理条例》，第二十二条，城市自来水供水企业和自建设施对外供水的企业应当保持不间断供水。由于施工、设备维修等原因需要停止供水的，应当经城市供水行政主管部门批准并提前 24h 通知用水单位和个人；因发生灾害或者紧急事故，不能提前通知的，应当在抢修的同时通知用水单位和个人，尽快恢复正常供水，并报告城市供水行政主管部门。

8. 通常放水观察进水方向与表身标注的进水方向是否一致，来判断水表是否倒装。同时观察放水后水表指示读数是否倒少。

10. 水表的抄见是保障水量发行、水费计费和账款回收的基础，是供水企业在城市供用水管理的重点工作之一。水表的计量是水表质量的体现。

11. 水表出厂检定不合格的表具，应贴有不合格标志，并单独放置，不能投入使用。

16. 水表安装需满足上、下游侧的直管段长度要求，即水表的上游侧和下游侧需满足前 $10D$ 和后 $5D$（D 表示管道直径）的直管段长度要求。截止阀应安装在上游侧 $10D$ 前或下游侧 $5D$ 后。

20. 水表如果出现指针偏针，说明已经影响抄读准确，应进行更换。

21. 机械水表灵敏针出现打顿，已经影响正常计量，应进行更换。

22. 水表度盘表面发黑或出现青苔，发生在湿式水表工作中，原因是湿式水表计数器浸入水中，表盘是“湿”的。水不是“纯净”的，包含微生物。表盖没盖好，阳光长期照射在表面，可能造成表面发黑或出现青苔。

25. 按水表计量元件的运动原理，将水表分为速度式水表和容积式水表。其中，速度式水表分旋翼式和螺翼式。

29. 为使水表能长期正常工作，水表内应始终充满水，如果存在空气进入水表的风险，应在上游安装排气阀。

32. 速度式水表根据安装方向可分为水平安装和立式安装。指的是安装时水流向平行或垂直于水平面。速度式水表不指明，一般均为水平安装。容积式水表测量的是经过水表的实际流体的体积，没有安装水平与否的要求。

33. 超声水表流量检测的原理是利用超声波换能器产生超声波并使其在水中传播；超声波在流动的水中传播时产生“传播速度差”，该速度流量差与水的流速成正比。

36. 机械水表灵敏针出现打顿，已经影响正常计量，应进行更换。

38. 按水表计量元件的运动原理，将水表分为速度式水表和容积式水表。其中，速度式水表分旋翼式和螺翼式。

42. 水表按计数器的工作环境分类，分为湿式水表、干式水表、液封水表。

48. 水表移装、扩径、拆表，必须由来源于供水企业内部（为保障抄见移装）和外部（用户）申请，并进行实地查勘。综合评定查勘结果设计施工方案。

52. 水表远传系统从线路布线方式可分为一线制和分线制。一线制指远传水表内部集成数据采集、存储和通信功能，所有远传表只要挂在一根总线上即可。布线简单、施工方便，但系统整体可靠性差，易遭到人为或自然破坏，返修成本高。

分线制指远传水表进行数据采集是通过分线连接到各采集机上进行存储和通信。因发生损坏时只需要维修对应线路上的问题，故返修成本和难度相对较低。

53. 远传水表的计量性能、耐压性能、压力损失等均与普通水表相差不大，并满足国家标准。但其涉及远传功能的使用寿命受到电子元件的质量、机械磨损、制造工艺等因素的较大影响。

56. 远传抄表系统的信道指信号传输的媒介和各种信号变化、耦合装置，既包括远程信道，也包括本地信道。

57. 水表远传系统中远传数据与基表不一致常见原因有：传感器故障和电源故障。

四、简答题

1. 接水安装水表后应由资料员核对竣工档案，核对无误后建立用户档案。档案内容一般包括用水人名称（用户名）、用水人地址（用户地址）、水表型号、水表编号（水表号）、安装日期、安装类型（安装位置）等内容。建档后，抄表部门根据资料组织抄表。

2. 水表不用自走，排除水表故障后可能的原因及处理方法。

原因：（1）漏水。（2）管网中有气和水压波动。

处理方法：（1）分辨是漏水还是其他原因。（2）如果不是漏水，要在管网中装排气阀或开龙头排气；在水表进或出水端装单向阀。

3. 传统的机械水表主要由表壳、滤水网、计量机构、指示机构、表玻璃及密封件、表罩等主要部分组成。

工作原理是水由表壳进水口进入，通过叶轮盒的进水孔进入叶轮盒，冲击叶轮转动，叶轮转动带动计数器齿轮组（字轮组）转动，齿轮轴上的指针指示出通过水表的水量。

4. 计量原理：速度式水表安装在封闭管道中，由一个运动元件组成，并由水流运动速度直接使其获得动力速度的水表。容积式水表安装在封闭管道中，由一些被逐次充满和排放流体的已知容积的容式和凭借流体驱动的机构组成的一种水表。

常见形式：速度式水表有旋翼式、螺翼式；容积式水表有活塞式、圆盘式。

5. 水表使用中常见问题有：

在用水情况基本不变的前提下，更换后的用水量比更换前的大；无人居住且管道及用水器具无漏水的情况下，水表也有计量；水量异常增大等。

问题现象 (有的不是水表故障)	原因	处理方法
使用中变快	叶轮盒进水孔表面结垢或杂物堵塞； 滤水网孔严重堵塞； 顶尖头略有磨损（叶轮下降）； 水表不用水自走	换表； 换表； 换表； 解决自走问题
使用中变慢	顶尖严重磨损，机械阻力增大； 叶轮衬套落下碰叶轮盒； 上夹板变形； 叶轮盒中有杂物； 被冻过； 被烫过； 人为破坏	换表； 换表； 换表； 清除杂物； 换表，防冻； 换热水表； 换表，追责
水表发出“嗒嗒”声	管网水压剧烈波动	装排气阀； 避免在管网中直接抽水等
不用水自走 (不是水表故障)	漏水； 管网中有气和水压波动	分辨是漏水还是其他原因； 如不是漏水，要在管网中装排气阀或开龙头排气；在水表进或出水端装单向阀
灵敏针停走	叶轮被异物卡住； 第一位齿轮损坏； 人为破坏； 叶片折断； 冻、烫坏变形； 干式表脱磁	清理异物。装滤水器、单向阀； 换表； 换表，追责； 换表，提升水表流通能力； 阻隔热水进入（换热水表）、防冻； 改进磁铁或用湿式表
指针或字轮停走	齿轮被异物卡住或损坏； 字轮被卡住或损坏	换表； 换表，改进字轮结构
水表乱跳字	字轮在字轮盒中间隙过大，拨轮对字轮失去自锁作用； 指针孔大而松动	改进结构； 减小指针孔径
度盘起雾	湿式表水没充满水； 干式表进水或气密性差； 温差引起	现场热毛巾热敷； 使用液封表或液晶显示表； 改进水表加工工艺
度盘发黑	表盖没有盖好； 阳光照射	表盖、表井盖盖好； 使用干式表
烫坏	太阳能热水器热水流入； 供水停水	换热水表； 装耐高温单向阀
倒转	有多路供水； 有二次泵站供水	装单向阀

续表

问题现象 （有的不是水表故障）	原因	处理方法
偏针	装配不对； 指针孔大而松动； 被冻过； 人为偷盗	减小间隙的影响； 减小指针孔径； 防冻； 防范和打击
用水量突增（非正常用水）	马桶漏水（有时漏，有时不漏）； 管道漏水； 太阳能漏水（有时漏）； 多路供水	马桶进出水阀有时会失效，关注解决； 通过夜间流量识别，找到漏点解决； 关注到并解决； 每个水表出水端装单向阀
远传数据与基表不一致	传感器出故障；电源出故障	专业人员现场检查处理

6. Q_1 是最小流量，是指水表符合最大允许误差要求的最低流量。

Q_2 是分界流量，是指出现在常用流量和最小流量之间、将流量范围划分成各有特定最大允许误差的“高区”和“低区”两个区的流量。

Q_3 是常用流量，是指额定工作条件下水表符合最大允许误差要求的最大流量。

Q_4 是过载流量，是指要求水表在短时间内能符合最大允许误差要求，随后在额定工作条件下仍能保持计量特性的最大流量。

7. 用水量突增（非正常用水）的原因及处理方法：

（1）马桶漏水（有时漏，有时不漏），马桶进出水阀有时会失效，应查验处理；

（2）管道漏水，通过夜间流量识别，找到漏点处理；

（3）太阳能漏水（有时漏），应观察处理；

（4）多路供水，每个出水端装单向阀。

8. 常见的表具及附属设施防冻保温方法有：（1）水管与水表深埋；（2）采取“穿衣”的方式，给暴露的水管、水表、水龙头等供水设施包裹保温材料；（3）水表箱门闭合严密；（4）冬季低温及时关闭楼道门；（5）水表进户的夜间保证有水流动，“滴水成线”。

9. 表具维护是供水企业在城市供用水管理的重点工作之一，除了水表本身的特点和质量外，一般包括表具日常巡检维护、防冻维护、资料维护、数据平台维护、换表及表位维护等。

10. 水表远传系统从工作原理分可分为脉冲发讯式和直读式；从线路布线方式分可分为一线制和分线制；从形体结构分可分为一体式和分体式。

11. 水表远传系统安装注意事项：

（1）易于安装的适合设备；（2）安装时要避免贴底，防止受潮、进水以及污浊和油污影响使用寿命；（3）信号连接线应有专用保护，避免误碰和人为损坏；（4）和主线接头应牢固、密实，避免影响信号传输；（5）水表和信号连接线应远离供热管道；（6）安装时应避免水表周围磁场干扰数据的采集，防止通信屏蔽；（7）合理设定数据传输时间，防止传输数据堵塞和数据掉包；（8）对水表更换和表位维护时，注意对远传部分的设备保护。

12. 远传水表抄见管理的主要内容包括：（1）远程系统平台的数据查询与分析，对数据疑问和设备报警进行反馈和处理；（2）基表数据与远传数据的现场校核与分析；（3）远传设备信号传输稳定性的检查确认；(4) 远传设备的电量、通信卡、接线等状态检查；(5) 现场远传设备的简单维护和数据重置。

13. 违章用水量计算标准：

违章用水量＝单位流量（m^3/h）×总违章用水时间（h）或参考用户的历史用水数据。

单位流量按表径或管径的常用流量计算方法确定。

用水时间一般按个人用户每日不少于2h计算，起止时间如有依据按实际时间确定，无法明确的按不少于3个月计算，特殊用水的视现场情况和用水实际综合确定。

14. 常见的违章类型有：(1) 发现用水人无表计量私接管线用水；(2) 水表铅封损坏，水表被烫坏，水表被盗，用水人私自改装水表；(3) 用水人私自改造表位，供水设施被圈、压、占、埋；(4) 私自开启消火栓；(5) 在供水或公共供水管道上直接装泵抽水、接水等。

15. 盗用城市供水，即采用非法手段盗取城市公共供水的行为。对于供水企业来说，偷盗水行为使供水企业管网损漏率增高，影响经济效益，还会造成供水设施的损坏，影响正常安全供水。对于居民来说，偷盗水行为会造成水压降低、水流减小，影响居民高峰用水时段正常用水。

第6章 客户服务管理

一、单选题

1. C	2. A	3. C	4. B	5. D	6. C	7. B	8. D	9. B	10. A
11. C	12. A	13. D	14. D	15. C	16. A	17. D	18. B	19. A	20. D
21. C	22. B	23. D	24. C	25. B	26. A	27. C	28. A	29. A	30. B
31. C	32. C	33. B	34. C	35. C	36. A	37. C	38. D	39. C	40. A
41. D	42. C	43. A	44. D	45. A	46. B	47. A	48. A	49. B	50. D
51. D	52. C	53. A	54. B	55. A	56. D	57. C	58. C	59. B	60. B
61. D	62. D	63. C	64. A	65. D	66. B	67. C	68. B	69. B	70. B
71. C	72. D	73. C	74. B	75. A	76. C	77. D	78. A	79. B	80. B
81. A	82. C	83. C	84. B	85. A	86. A	87. D	88. C	89. B	90. C
91. C	92. C	93. B	94. B	95. B	96. D	97. A	98. B	99. B	100. A
101. C	102. B	103. C	104. B	105. C	106. B	107. D	108. C	109. C	110. A
111. D	112. A	113. D	114. B	115. D	116. A	117. D	118. A	119. B	120. C
121. A	122. A	123. A	124. A	125. A	126. B	127. C	128. C	129. B	130. C
131. A	132. D	133. D	134. C	135. A	136. B	137. C	138. B	139. D	140. C
141. A	142. A	143. C	144. A						

【解析】

2. 此题主要考察抄表员和复核人员的岗位职责。

9. 水表倒走可能的原因有水表倒装或水表正装倒流。因水表正装倒流的原因较倒装更难查明，故应先检查是否倒装。如果未倒装再进一步查明其倒流原因。

10. 因倒装水表可能加速水表损坏，故应换装一只经过校验检定的新水表。

二、多选题

1. ABCE	2. ABCDE	3. AC	4. ABCDE	5. AB	6. CDE
7. ABCD	8. ABCD	9. ABCD	10. ABCDE	11. ABDE	12. AC
13. ABCDE	14. ABCD	15. ABCDE	16. BC	17. ABCDE	18. ABCE
19. ABC	20. AB	21. ABCDE	22. ABCDE	23. BDE	24. ABCD
25. ABC	26. ACDE	27. ACDE	28. BD	29. ABD	30. ABCD
31. ABC	32. ABCDE	33. ABCDE	34. AB	35. ABCDE	36. ABCDE
37. ABCD	38. ABD	39. ACD	40. ABDE	41. ABD	42. ACD

43. DE	44. ABC	45. ACD	46. ABCE	47. ACDE	48. ACDE
49. ACD	50. ABC	51. ABCE	52. ABC	53. BCD	54. BCD
55. BCD	56. ABC	57. BC	58. ABCD	59. ABCE	60. ABC
61. ABCE	62. ABDE	63. ABCD	64. BCD	65. ABD	66. ACDE
67. ABD	68. ABCDE	69. ABDE	70. ACDE	71. ABCDE	72. ABC

【解析】

1. 选项 D：估收水量多少应根据用户实际用水情况确定，可参考上期或同期水量估收，不可直接零度发行。故不选。

6. 抄表员现场抄表时会遇到各种突发情况，如用户以种种理由拒绝抄表员进入家中查看水表。无论遇到何种突发情况，抄表员应严格遵守供水企业对外服务规范，不得与用户发生冲突。

7. 选项 E：时如发现用户有疑似违法用水行为，应上报违法用水处理，而不是进行用户提醒工作。故不选。

11. 选项 C：用户如果违章偷水，用水量应该表现为突减而不是突增。故不选。

14. 选项 E：汽车生产企业用水量受天气气温影响不大。故不选。

28. 选项 A：遇水表故障可暂收发行水量，但暂收水量应根据《供用水合同约》方式进行。故不选。

选项 C：水表更换后应按照新表用量平均计算水量，以判断上期暂收水量的合理性，对于多收水量应予以扣除。故不选。

29. 选项 C："远传表"是根据水表类型划分的。故不选。

选项 E："管理考核表"是根据是否收费的性质划分的。故不选。

40. C 选项："度"不属于法定的计量单位。故不选。

48. B 选项：在不能确保现场开票的情况下，供水企业不允许员工上门收取现金，以免发生水费纠纷。故不选。

49. 水量暂收发行的方式主要依据《供用水合同》中的约定。通常有"参照上期用水量""参照同期用水量""按上三次平均用水量"三种方式供选择。

50. 抄见补收是指在非正常抄表日根据某种需要按水表字码补收结算水量。非抄见补收发行是按抄见的水表字码结算发行水量之外的一种补收结算。

64. E 选项：供水主干管网的水质由供水企业保证，与转供行为无关。故不选。

70. B 选项：自来水销售是供水企业独占经营，非供水企业不得转供销售自来水。故不选。

72. 用户受控管理必须依法依规进行。主要针对用户与供水企业之间存在一定的法律纠纷，如欠费等。故 D 、E 两项不选。

三、判断题

1. ×	2. √	3. √	4. √	5. ×	6. ×	7. ×	8. √	9. ×	10. ×
11. √	12. √	13. ×	14. √	15. √	16. ×	17. √	18. √	19. ×	20. ×

21. √　22. ×　23. ×　24. √　25. ×　26. √　27. ×　28. ×　29. √　30. √
31. ×　32. ×　33. ×　34. √　35. ×　36. √　37. √　38. √　39. ×　40. √
41. ×　42. √　43. ×　44. ×　45. ×　46. ×　47. √　48. ×　49. √　50. ×
51. √　52. ×　53. ×　54. √　55. √　56. √　57. √　58. √　59. ×　60. √
61. √　62. ×　63. √　64. ×　65. √　66. ×　67. √　68. ×　69. √　70. √
71. √　72. ×　73. √　74. ×　75. √　76. √　77. √　78. √　79. ×

【解析】

1. 此题考核催收员岗位职责。催收员岗位考核的基本指标是水费回收率。

5. 外复员需要对水表的抄读、水表故障、用水量高量低、用水职业等抄表工作进行复核检查。外复员岗位仍然属于对外服务的工作范畴，必须遵守对外服务工作规范。

6. 水表被水淹没时，根据现场情况，对可以通过努力，采取清除法、避水法或隔水抄读法能够抄读的水表不得估表暂收发行水量。

7. 水表空转的原因是管道内因气体而产生压力波动造成，更换水表无法解决空转问题，只能通过排气等办法消除。

9. 水表口径的选型主要应根据用户用水量来选择。

10. 集中供水户的水价应根据内部各用水性质用水量占比来核定。

13. 表后管漏水时，水表的灵敏针通常是规则地匀速转动。非匀速的间歇性的转动可以作为水表空转现象判断标准之一。

16. 抄表时发现水表故障，通常根据往期水量或用户用水实际情况估收水量。

19. 未编入区册内的无表用水户属于未计量非法用水。抄表员在抄表过程中必须查清所抄水表的用水范围，对发现的未计量用水黑户要进行上报处理。

20. 抄表日程表编排好以后，不得随意打乱重新编排。如需插入的新接水户较多，可按原编排线路插入增加区册户数。

22. 故障水表更换为新水表后，可以根据新水表显示的用量平均计量抄表周期内的用户用水量。因为故障水表的用水量并非真实用量，故新水表平均时可进行当期平均或多期平均。题干所说的当年平均因周期太长，以新水表用水量推算的做法不可取。

23. 无论机械水表还是电子水表，因使用环境对水表机械部件磨损或电子干扰的存在致使水表出现走快或走慢。这与水质、累计用水量、使用流速、水表材质等多种因素有关，与国家规定的强制检定周期无绝对关系。计量法规在确定不同口径水表的强检周期是设定条件下的实验室标准。

25. 根据供用水的法规和供用水合同相关条款，供水用户对水表表位等供水设施不得压占、损坏，可以则成用户限期做出整改，拒不整改、情节严重的，可依法处理。停水应根据法律法规实施。

27. 营业系统的各个功能之间是相互联系的关系，数据是相互关联共享使用的。

28. 营业收费系的用户信息资料经过一定程序和规定的审批手续后，可以根据相关权限进行修改。

31. 任何数据一旦上传营收系统都必须按照相应程序和权限进行调整修改，并保存修改记录。

32. 抄表数据录入后经过审核确认的过程称为水量发行。

33. 水量发行后的校核是对发行数据的再校验过程，是对系统差错的校核。

35. 营业收费系统包括桌面端和移动端，可以实现移动收费功能。

39. 任何水量发行都必须经过审核程序，以确水量发行的合法性。

41. 为避免产生差错，审核程序通常设计为人工审核加系统校验两个步骤。计算机在进行抄表数据审核时，提供人工审核平台，对经过筛选的数据进行人工审核。

43. 为确保服务质量，对外服务格式表单的样式和内容都必须经过审批后方可使用。

44. 水费缴纳通知单等工作表单应按照对外服务规范进行张贴。但用户用水交费行为依据的是《供用水合同》的约定。此题表述的前提和结论无因果关系。

45. 预约抄表是为了提高抄表质量和对外服务质量而采取的抄表员与用户预约时间共同现场见表的一种服务。

46. 如需要启闭水表阀门（无论表前还是表后）应告知用户，防止发生表后用水设施的事故。

48. 对于用户用水性质的修改应根据企业规定经过复核的程序方可按根据修改。不可以由抄表员直接操作修改。

50. 远传系统因设备故障、通信故障、系统不稳定等原因造成数据不准，因此远传水表的水量发行时也应进行人工审核校验。

52. 无论是水表更换还是水量核减都必须按照供水企业规定的程序进行。通常发生水表故障、水表校验误差超出法定标准、水表超过使用周期等情形时方可申报水表更换。

53. 抄表时遇用户水量增加较大时，应主动了解用户用水量增大的原因。用户内部管网是否漏水应由用户自行检测。

59. 对大用户进行有效的分级分类管理有助于售水量的管理控制，进而有助于企业的产销差控制。售水量管理可以为管网检漏修漏提供必要参考数据，并不能直接降低管网的漏损率。

62. 客户资料管理是供用水关系存续期内的动态过程，在供用水过程中发生的用水主体变更、水表更换、用水性质变更等都应纳入客户资料动态管理中。

64. 用户的分级分类应从用水量、用水性质、用户信用等级等多方面建立标准，不可简单地按优良中差进行客户管理。

66. 先挂计量水表，后并网通水。

68. 营业厅收费岗位是供水客户服务员的工种之一，涉及供水营销、对外服务工作，应了解抄表的相关知识，为客户提供更优质的服务。

72. 处理工单应本着实事求是，严格遵守企业管理规定和相关服务规范，分析工单诉求，界定工单责任。企业应从提高对外服务整体水平入手，减少诉求工单数量，提高用户满意率。

74. 为提高工单处理效率和用户满意率，必须对工单延长时限做出限定。

79. 根据《供用水合同》等约定，用户内部漏水应由用户承担水费。为提高用户满意率，供水企业可以从提高抄表准确率、及时提醒用户水量变化等方面改善服务，但不可以为了用户满意而减免内部漏水水费。

四、简答题

1.（1）做好水表的抄读和水量发行，不断提高水表抄见率、准确率。

（2）掌握各种计量表具的特性，辨别并反馈水表可能存在的计量故障。

（3）调查了解用户用水情况，核查用户用水性质，发现违法违规用水现象，及时反馈并进行查处。

（4）催缴水费，确保水费回收率。

（5）接受用户咨询，解答用户疑问；现场调查并处理用户投诉。

2.（1）用户用水习惯发生改变造成量多。

（2）季节性用水规律造成量多。

（3）内部漏水造成量多。

（4）水表空转造成量多。

（5）水表故障造成量多。

3.（1）用户用水习惯发生改变造成量少。

（2）季节性用水规律造成量少。

（3）内部漏水已修复，造成与上期对比出现量少的情况。

（4）采取了强有力的节约用水措施。

（5）用户内部存在未计量用水的现象。

（6）水表计量故障造成量少。

4.（1）法律法规所禁止的用水行为：破坏或干扰水表正常计量的行为，拆卸及倒装水表、拆卸及无表接管用水、表后加泵抽水、私自移改水表位置、私自改扩水表口径，表前私接接管用水、违规开启消火栓用水等。

（2）违反供用水合同约定的用水行为：用水性质违反合同约定、超出合同约定用水范围转供水的行为。

5. 水表空转是由于管道内空气在压力的作用下压缩或膨胀继而造成用户在不用水的情况下水表转动计数的现象。水表空转的主要判断方法有两种：一是在用户不用水的情况下观察水表是否存在非匀速转动的现象；二是开关邻近用户（户表用户）用水龙头，观察水表是否会发生非均速转动。水表空转现象以小口径居民户水表比较多见。主要解决办法是排出管道内气体或在水表前加装单向截止阀。

6.（1）杂物、垃圾堆放等可简单清理的情况。

（2）车辆或重物压占需配合处理的情况。

（3）雨水、污水、粪水淹没的情况。

（4）建筑施工、道路施工、违章建筑以及小区物业设施施工后等埋没的情况。

（5）被锁在围墙或用户院内的情况。

（6）位于慢车道或者快车道上的情况。

（7）表箱遭受破坏或被更换为不易开启的非标准表箱的情况。

（8）其他一些违法违规压占、埋没等情况。

7.（1）根据需要使用定位设备或其他定位方法对表位定位，以在发生不良表位时查找水表位置。

（2）进行简单清理、清除杂物，或联系用户及时移除表位压占，以确保当期水表的见表抄读。

（3）发放《表位整改通知书》，请用户配合尽快恢复表位，以确保二次回抄或下期的水表见表抄读。

（4）记录不良表位类型并根据需要拍摄现场照片，上报其他部门进行表位整改。

8.（1）下载抄表数据，做好抄表前的准备工作。

（2）在手机上录入实时抄表数据，并根据系统提示对水表及表位进行拍照。

（3）打开手机通信网络，确保抄表数据的实时上传。

（4）根据系统提示做好水费催缴工作，并做好催缴录音、拍照等工作。

（5）使用手机 APP 上报各类水表故障及表位异常，录入抄表日记与用户备忘。

9.（1）经验判断法。

（2）试水法。

（3）量多量少核查检验法。

（4）用水曲线分析法。

（5）专业仪器校验。

10.（1）现场拍照取证。

（2）发放违法违规用水通知书。

（3）重大违法违规现象及时上报至供水稽查部门处理。

（4）用水性质改变的，上报更改水价并补收水费差价。

（5）违约转供水，上报供水稽查部门处理。

11.（1）对水表抄读准确率进行审核、核查，对每一用户的水量结算、量多量少等情况进行复核。

（2）对抄表人员填报的故障水表及不良表位进行现场的再次复核。

（3）对用水性质变更做好现场的二次复核和确认，确定水价调整方案。

（4）对违法违章用水进行现场调查、取证并做好违章处理工作。

（5）对抄表人员的抄表质量进行监督，现场抽查一定数量的水表抄读数据，并进行抄表质量的分析。

（6）对拆迁、拆表的地区进行用水情况复核，处理抄表人员上报的各种非正常疑难表具。

12.（1）遵守企业对外服务规范。

（2）进户抄表敲门时轻重适度，主动表明身份来意；进门穿鞋套，使用文明礼貌用语，工作完毕要致谢道别。

（3）抄表到位，准确抄读，发现水表或水量有疑问应向用户说明，并在表卡或抄表 APP 中注明；水费账单要发放到户。

（4）出户表抄完后要盖好表箱盖，确保行人车辆安全。

（5）催缴欠费，问清原因，耐心解释，向用户做好缴纳方式说明。

（6）抄表收费不弄虚作假，不刁难用户，不要挟报复，不从中捞取好处。

13.（1）统一着装，衣着整洁。

（2）仪表大方，举止文明。

（3）佩戴服务标志。

（4）使用统一的工作包及抄表收费用具。

14. （1）努力抄到并抄准每一只水表。

（2）量多量少要提醒用户，并尽快查明原因。

（3）对符合试水条件的要进行试水，以确保水表正常运转，无故障。

（4）需发放抄表缴费通知的要发放缴费通知，对欠费进行提醒。

15. （1）文明礼貌服务，对用户提出的意见建议要耐心听取，及时答复。

（2）严禁在抄表工作中弄虚作假，捞取好处。

（3）不以任何借口刁难、要挟、报复用户。

（4）不以水谋私，不向用户吃拿卡要。

16. （1）按线性方式（又称环回方式）编排。

（2）按先近后远的方式编排。

（3）进户水表或楼梯水表的编排。

17. （1）水费缴纳通知单。

（2）预约抄表通知单。

（3）用水量异常友情提醒通知单。

（4）水费缴纳提醒通知单。

（5）水费催缴通知单。

（6）欠费停水通知单。

（7）违法用户通知单。

（8）不良表位清理整改通知单。

18. （1）抄表工具准备。

（2）抄表设备准备。

（3）检查表卡或进行抄表数据下载。

（4）检查要抄表的用户备忘信息，记录需要特别服务或者有特别要求的用户情况。

（5）做好需要提醒或催缴用户缴费的用户情况统计，如需打印对外服务工作格式表单，提前做好准备。

（6）检查新装水表的信息，提前了解表位状况。可以调取水表安装竣工图，或者根据GIS系统信息做好记录。

（7）做好交通工具的检查。

19. 开启表箱时要集中精力，两腿分开站在表箱框外，对大的水泥表箱盖可采用“移动法”慢慢开启，对铁箱盖应注意插销是否完好，箱盖开启的角度必须大于90°，防止箱盖失去平衡翻倒压伤手脚。冰冻天撬表箱盖要防止碰伤，不要用力过猛，以防铁钩打滑、断裂。在掏挖水表时要先摸清表位周围情况，防止损坏地下供电电缆、电信电缆等市政设施，避免触电事故。抄完水表要盖好水表连接的小盖，再缓慢盖好表箱盖，表箱盖要盖平整，不能虚掩或高低错开。

20. （1）隔水抄读法。

（2）清除法。

（3）避水法。

（4）划水法。

21.（1）反复核对抄码（读数）。

（2）核对抄表的历史数据。

（3）观察水表：

1）有无走动：不用水时水表不走，说明无漏水；用水时水表不走，说明水表停走。

2）时走时停：说明水表机芯可能故障，或者存在水表空转的情况。

3）缓慢走动：说明可能存内部漏水，或者用户龙头滴水的情况。

4）快速走动：说明用户正在用水，存在较大漏水的情况。

（4）检查水表指针有无松动等异常情况。

（5）询问用户，进一步了解用户内部用水有无变化。

22.（1）直接观察有无渗漏。

（2）加滴墨水进行观察。

（3）采取听漏法进行检查。

（4）停止用水片刻水表仍走，此时关闭抽水马桶进水阀门，若表停说明抽水马桶漏水，若表仍走则可能用户内部水管漏水或是水表故障。

23.（1）对抄表册中的每一条抄表记录进行复核，检查是否存在抄码录入的明显差错；检查是否有漏抄现象。

（2）检查是否遗漏了量多量少的原因调查。

（3）检查现场处理的问题是否在备注栏中注明或录入抄表程序的备忘录中。

（4）检查需开具各类工作单的项目是否存在错开和漏开。

（5）使用手机进行抄表的，要检查是否按规定对需要现场拍照的各类情况进行拍照上传。

（6）进行抄表日报表统计和分析，做好水量发行前的准备。

24.（1）对抄表数据进行逐一复核，检查结度计算是否有误，当月用水量是否符合历史规律。

（2）检查抄表员是否按规定填写各项抄表内容。检查抄表备注是否说明清楚明了。

（3）检查抄表员是否按照抄表备忘提醒开展抄表工作。

（4）对实抄水表数量进行统计，检查是否有漏抄等现象。

（5）检查是否按规定的抄表日期进行抄表。

（6）使用抄表册抄表的，要检查表卡填写是否规范，内容填写是否完整，新旧卡记录是否相符等。

（7）发现异常用水情况并开具复核工作单，转相关部门或人员处理。

（8）根据用水量规律初步判断水表故障情况，开具故障水表检查工作单。

（9）使用抄表程序抄表的，审核抄表照片是否清楚、是否符合拍照规范。

（10）对抄表人员填报的各项工作单进行复核检查，确认是否符合申报要求和规范。填报有关抄表业务的各项统计报表。

25.（1）对抄表员申报的故障水表进行现场的二次复核。

（2）对抄表员申报的水价类别变更进行现场调查了解，并确定最终的水价类别。

（3）对内复人员提出的用水量异常情况进行现场复核并调查了解相关原因。

（4）对抄表员未能妥善处理的其他问题进行现场的二次处理。

（5）根据内复人员或领导的要求对抄表人员的抄表质量、服务质量进行抽检复查。

（6）对用户的投诉和咨询进行现场调查了解并处理。

（7）对抄表人员或其他渠道反映的违规违法用水现象进行现场复核并调查取证。

（8）按照工作要求做好数据记录、现场拍照以及填写相关台账报表。

26. 在对抄见零度管理时需注意以下几个方面：

（1）要进行用户用水情况调查，以确定零度的真实性。

（2）必要时进行试水，以判断水表是否存在故障的可能。

（3）必要时需要进行用水量跟踪，以判断用户是否存在违法用水的可能。

在对暂收零度管理时，应注意以下几个方面：

（1）要进行用户用水情况调查，以确定是否要以零度暂收水量。

（2）需要考虑用水主体，虽未用水，但可能存在内部漏水的可能。

（3）拆迁区域的暂收零度需要特别慎重。

27. （1）抄表管理方面，实现远程抄表，可以同时解决部分不良表位的抄表管理问题。远传机抄可以减少现场抄表工作量，降低抄表人工成本，提高工作效率。

（2）运行状态实时监控方面，远传系统可以实时监控水表运行，初步判断水表故障。

（3）预防打击偷盗用水方面，通过对水表运行状态的无线实时监控，结合拆表报警技术，使用户在水表计量方面的偷盗水行为从根本上得到控制，也可以杜绝人为估表和抄表行贿等各类违章事件的发生。

（4）区域计量的应用方面，在进行DMA区域计量管理时，对小区用水加装大口径管理考核表并安装无线远传设备，通过对夜间最小流量的监控，结合内部用水分析，可以及时发现管网漏损，进行快速检漏修漏工作。

28. （1）审核产权信息。

（2）审核规费缴纳情况。

（3）审核接水户所在区域的拆表拆管信息。

（4）审核用户水费欠费信息。

（5）审核违章违法用水信息。

（6）审核其他信誉记录。

29. （1）资料核对。验收工作人员接到挂表报验资料至现场验收，首先要对客户资料进行核对，包括用户名、门牌地址、用水性质、水表类型、水表口径、水表安装时间等。

（2）安装规范检查。检查内容包括直管段是否符合要求，是否按规范加装了伸缩节，是否按规范加装了垃圾过滤器，水表是否水平安装，是否存在前高后低等；抄见方面，主要检查表位位置是否合理，是否易被车压或是安装在施工工地内，水表检查井是否符合规范，以便日后的维修和更换，表箱选用是否符合有关规定等。

（3）结度收费。水表验收时对应该向用户或施工单位收取的水费要做好水表底数的确认和结度水量发行工作。

（4）时效管理。从挂表安装到验收，验收完成到资料的移交直至正常抄收之间，各阶段的时限，都应符合企业的相关规定。时效管理是提升对外服务水平和工作效率的关键。

30. （1）客户接水信息资料。主要有接水申请、产权证明文件、经办人、联系人相关信息、历史用水资料（含以往的水费缴费发票等）、建筑规划许可等、建筑设计图纸、接水协议及供用水合同等。

（2）客户用水信息资料。主要有用户的户名、地址、用水性质、水表类型、水表口径、装表时间、水表位置、联系人信息等基础信息资料。客户的用水信息资料围绕日后抄表收费和客户管理的需要建立。

（3）管网信息资料。主要有管线图、管线管径、阀门类型、阀门位置、内外管的类型及位置、管线材质、水表表位图（设计和竣工）等。

31.（1）新建小区挂表必须在立管施工结束后进行，不允许出现，先挂表，后接笼——表后水管的情况，尤其要关注表后管施工由开发商负责时。

（2）在挂表后立即对照表后水管上的标识填写水表号。确保水表号与门牌地址对应正确。

（3）水表号（含水表口径信息）与门牌地址对应关系建立后应安排两人进行放水试验，以核对资料填写是否正确。

（4）如使用手机 APP 现场直接录入资料，结合水表领用系统，为对应门牌号分配好的表号进行挂表时，应按上述程序的反向进行操作：先试水再挂表。

（5）一箱多表的，应按照门牌地址的顺序将表箱内水表依次排列，减少以后抄表时水表字码录入差错的现象。

32.（1）水表更换按照规定流程进行，有申报人、申报时间、复核人、复核时间、下单时间等详细信息记录。

（2）要详细记录水表更换原因。

（3）水表更换资料中需详细记录施工人和施工时间。

（4）水表更换工程单填写详细完整，按规定时限进行完工反馈。使用手机 APP 操作时，需进行换表拍照并对照片进行归类整理存档。

（5）对于扩缩水表的需要同步更改水表口径信息。

（6）水表表位的信息资料同步更新。

33.（1）同一水表的抄见字码要有连续性，如遇特殊情况需中断字码进行照结等发行的，必须建立台账或做好备注，以便日后审阅。

（2）需要记录水表抄见的类别，如正常见表发行、堆埋淹锁暂收发行、水表故障暂收发行、用户自报发行等，必须记录并归类。

（3）对水量突增突减幅度较大的要有原因记录。

（4）建立非正常水量发行的台账资料，并做好整理和归档保存。

34.（1）服务需求类。如申请接水，更改户名、缴费水费、供水设施报修、水压低、水质差、违章违法用水举报等。

（2）投诉建议类。如抄表工作质量、服务质量投诉等。

（3）咨询类。如业务办理程序咨询、水费政策及用水费咨询，以及表扬、批评等。

35.（1）统一服务形象，遵守企业着装挂牌上岗等对外服务要求。遵守服务纪律。

（2）接听用户来电统一规范使用文明礼貌用语。

（3）用户来访，耐心解答，语言亲切，不推诿。

（4）用户来信认真处理，事事有结果，件件有答复。

(5) 接待用户礼貌热情、耐心周到，不擅离岗位，不做与工作无关的事。

(6) 真诚服务，不以水谋私。

36. (1) 记录诉求人的诉求时间、姓名、联系电话等信息。

(2) 详细记录诉求内容。向诉求人解答一般性咨询疑问，解决一般性诉求。

(3) 通过“三来处理工作单”或“三来平台”等方式进行派单工作。

(4) 做好“三来处理工作单”的催办和销单工作。

(5) 对诉求处理结果进行反馈；做好用户回访工作。

(6) 登记“三来”接待台账；定期分类统计“三来”数据，对“三来”工作进行总结分析，形成工作简报。

(7) 对用户“三来”资料进行整理归档。其中涉及业务变更的“三来”工单归入客户资料档案。

37. 首问负责制主要内容是面对用户的投诉、咨询、建议等诉求，第一个接待的人员能够自己处理的，必须负责记录、解答和处理，直至用户诉求得到解决，自己不能处理的，必须负责转交有安部门或相关人员解答和处理，并负责对用户的诉求是否得到解决进行跟踪回访。

38. (1) 服务环境及硬件要求：服务窗口环境美观，形象统一，卫生达标，符合对外服务行风作风要求。服务大厅设置便民设施，做好供水政策和业务办理流程等宣传措施，努力为用户提供舒适安心便捷的服务环境。

(2) 企业业务办理要求：企业对外业务办理按对外承诺的时限和要求进行。力求高效率地满足用户需求，提供便捷的服务。积极推进无柜式服务、一站式服务，利用先进行的技术和网络平台提供“一次进门”“一键直达”式服务。

(3) 制度完善要求：完善企业的对外服务承诺制度，建立健全首问和首接负责制、投诉查实处理制度、签单回访制度等相关服务制度并贯彻落实。

(4) 接电接访处理要求：接电接访态度符合规范要求，不发生推卸责任的现象。工单派发反馈回访流程闭环，台账齐全完整。用户诉求工单处理时限符合规定，高效满意。

(5) 便民服务要求：建立完善的领导接待日等高层接访制度；定期深入开展现场便民服务活动；加快推进互联网＋供水等无柜式便民举措，切实推进用户服务网点建设。

第7章　水费账处理

一、单选题

1. A　2. C　3. D　4. A　5. A　6. B　7. C　8. B　9. A　10. D
11. D　12. A　13. C　14. B　15. D　16. C　17. C　18. D　19. C　20. B
21. D　22. A　23. B　24. B　25. C　26. D　27. C　28. B　29. C　30. A
31. A　32. D　33. B　34. B　35. D　36. A　37. C　38. C　39. D　40. B
41. A　42. A　43. C　44. D　45. A　46. B　47. C　48. A　49. D　50. D
51. B　52. B　53. C　54. A　55. D　56. C　57. D　58. D　59. B　60. C
61. A　62. B　63. A　64. D　65. B

二、多选题

1. BCE　2. ABCD　3. ABCE　4. BC　5. ACDE　6. ABCE
7. BCDE　8. ABCD　9. ACD　10. ACD　11. CD　12. BCE
13. ABCDE　14. ACE　15. ABE　16. BDE　17. ABD　18. ABCDE
19. ABCD　20. ABCDE　21. ABCDE　22. AB　23. ABCDE　24. ABD
25. ABCDE　26. ABC　27. ABCDE　28. BCDE　29. ABDE　30. ABC
31. CDE　32. ABCDE　33. ACDE　34. ACDE　35. ABCD　36. ABCDE
37. ABCD　38. ACDE　39. ACDE　40. ABCDE

三、判断题

1. √　2. ×　3. √　4. ×　5. ×　6. ×　7. √　8. √　9. √　10. ×
11. √　12. √　13. ×　14. √　15. √　16. ×　17. √　18. √　19. √　20. ×
21. √　22. ×　23. √　24. ×　25. √　26. ×　27. √

【解析】

2. “水量收入”报表反映了水量与水价、水量与收入、收入与水价之间的勾稽关系。
4. 固定资产的成本除价款外还包括包装费、安装成本及运杂费等。
5. 企业自行建造固定资产包括自营建造和出包建造两种方式。
6. 融资租赁是实质上转移了与资产所有权有关的全部风险和报酬的租赁。
10. 当月增加的固定资产当月不计提折旧。
13. 本月应计提折旧0元。
16. 财务报表主要包括：资产负债表、损益表、现金流量表、财务状况变动表（或股东权益变动表）和财务报表附注。

20. 对于用户支票退票，由经办网点和经办收款人员进行水费追缴，一般当月退票，次月需追缴完毕，否则易造成各种欠费风险。

22. 欠费信息情况表是一张动态报表，随着收费的进行反映实时欠费情况，月末收费结束后的统计数据则反映当期期末的实际欠费信息。

24. 水费账单送发的方式有手工开账后上门送发及电子账单推送的方式。

26. 水费回收率根据统计管理周期的不同可分为水费当年累积回收率和水费当月回收率。

四、简答题

1. “水量”又称为“售水量”，是企业“主营业务收入”所对应的水量。以当期抄见发行的水量、补发行水量、非抄见补发行水量、当期调整（核减/退）水量作为计算依据进行汇总所得出。所有构成当期/当月水量发行的数据均为当年数据。

2. 固定资产是指企业为生产产品提供劳务、出租或者经营管理而持有的、使用时间超过12个月的、价值达到一定标准的非货币性资产。

固定资产应当按照成本进行初始计量。固定资产的成本，是指企业购建某项固定资产达到预定可使用状态前所发生的一切合理、必要的支出。对于特殊行业的特定固定资产，确定其初始入账成本时还应考虑弃置费用。对于这些特殊行业的特定固定资产，企业应当按照弃置费用的现值计入相关固定资产成本。

3. 第一种，企业为在建工程准备时的各种物资，应当按照实际支付的买价、不能抵扣的增值税税额、运输费、保险费等相关税费，作为实际成本，并按照各种专项物资的种类进行明细核算。

第二种，在建工程应当按照实际发生的支出确定其工程成本，并单独核算。企业的自营工程，应当按照直接材料、直接人工、直接机械施工费等计量；采用出包工程方式的企业，按照应支付的工程价款等计量。设备安装工程，按照所安装设备的价值、工程安装费用、工程试运转等所发生的支出等确定工程成本。

4. 可选用的折旧计提方法包括年限平均法、工作量法、双倍余额递减法和年数总和法等。固定资产的折旧计提方法一经确定，不得随意变更。固定资产应当按月折旧计提，并根据其用途计入相关资产的成本或者当期损益。

5. 固定资产发生损坏、技术陈旧或者其他经济原因，导致其可收回金额低于其账面价值，这种情况称之为固定资产减值。如果固定资产的可收回金额低于其账面价值，应当按可收回金额低于其账面价值的差额计提减值准备，并计入当期损益。

6. 固定资产后续支出，是指固定资产在使用过程中发生的更新改造支出、修理费用等。与固定资产有关的更新改造等后续支出，符合固定资产确认条件的，应当计入固定资产成本，同时将被替换部分的账面价值扣除。与固定资产有关的修理费用等后续支出，不符合固定资产确认条件的，应当根据不同情况分别在发生时计入当期管理费用或销售费用。

7. 水费统计，是按照实际业务和财务的需要，对于当期各类水量及水费的统计和汇总。水量统计中，“水量”是指关于自来水企业中围绕主营业务收入所对应水量的一切相关水量，包括正常抄见发行水量、补发行水量、核减/退水量、恢复欠费水量等。这些水量的分类、归集、处理，最后形成水费统计报表，交由财务部门进行账务处理和验证、核对。

在大多数自来水企业中，水费统计报表有：水费收入发行报表、非抄见补收回收报表（台账）、核减/退台账（水费/量调整台账）。

8. 一般来说，在自来水企业中，营业所负责对水表的抄见、水量的发行、水费的回收处理，不具备法人资格，不进行独立核算。因此，营业所的财务核算有以下几个特点：

(1) 作为非独立核算的机构部门，财务核算的内容只反映经营成果的会计要素（包括收入、费用，有的不包括利润）。

(2) 财务核算的程度仅包括会计核算全过程中的部分环节，财务核算只包括自来水销售、确认收入、确认费用、确认税金等环节，不包括之前的自来水产品生产和之后的利润分配等过程。

(3) 在自来水销售部门的会计核算流程重点一般为：自来水收入的确认、应收账款的核算、各种费用的配比、税金的核算以及营业外收入/成本与其他业务收入/成本的确认。

(4) 营业所的水费账务处理以营业收费系统的报表数据为依据，账表、账实、表实之间两两对应，互相验证。

(5) 账务处理的结果为企业提供数据支持，反映企业的经营状况，企业照此进行分析对比，对于自来水销售收入的提高、应收账款的回收以及费用的合理合规利用都起着指导作用。

9. 水费账务与自来水企业财务管理密不可分。自来水企业的财务处理中有相当一部分科目与水费业务一一对应，记账方式采取“借”“贷”平衡的原理，财务处理的依据是水费账务的各项原始数据和月度汇总表，体现的自来水企业的主营业务状况。

为了进行水费销售和收入的核算，保证数据的及时、准确、有效的处理，自来水企业的财务部门都会对自来水主营业务进行专项核算，有些地方的自来水企业财务部门专门设置了水费会计和账务会计进行分工核算，其主要工作内容是开账、收账、销账、结算余额、核对欠费报表（具体业务内容见第8章），分工核算可以起到互相监督、稽核数据的作用。对水费进行专项核算可以及时、全面、准确地反映水费收入、欠费情况的增减变化，对于回收水费、加强资金周转、提高企业经济效益有很大帮助，同时，对于企业后续经营方针的制定可以起到指导作用。

10. 收缴用户支票时有时会发生退票的情况，造成退票的原因大致有：对方银行存款不足；账号与户名不相符；金额大小写不相符；支票进账单与支票金额不相符；使用的笔墨不符合银行要求等。

对于用户支票退票，由经办网点和经办收款人员进行水费追缴，一般当月退票，次月需追缴完毕。存在往期欠费或退票未处理的用户，原则上不可进行下一期水费收费。对于长期退票且追欠困难的用户，业务人员应及时办理“恢复欠费”手续，重新确认应收账款，以免造成欠费已收回的假象，同时加强追欠力度。

11. 目前，自来水企业可以采用的收款方式大致有：自来水企业自行收款；第三方代为收款；网上收款；用户通过网上银行直接汇款。其中，自来水企业的自行收款目前有两种情况，即网点柜面收费和上门收费。

12. 自来水企业的增值税电子普通发票是指通过增值税电子发票系统开具的，符合国家税务总局规范的增值税电子普通发票。适用范围为自来水企业供水范围内的一切用户，适用发票类型为增值税普通发票。在推行增值税电子普通发票后，自来水企业将不再提供原自制冠名纸质发票。

单位用户在缴费时需提供准确的用户号、单位名称、统一社会信用代码（或税号）联系人手机号和账号及开户行、邮箱等信息，否则将无法开具增值税电子普通发票。

对于自来水企业来说，可以节约相关费用。对于用户来说，可以降低收到假发票的风险，不用再担心发票丢失影响维权或报销，解决了纸质发票查询和保存不便的缺陷。同时，税务人员可以及时对纳税人开票数据进行查询、统计、分析，及时发现涉税违法违规问题，有利于提高工作效率，降低管理成本。税务机关还可利用及时完整的发票数据，更好地服务宏观决策和经济社会发展。

13. 目前各地自来水企业采用的主要是由营收系统直接销账和人工销账两种方法。营收系统直接销账主要应用于第三方代收水费和网上收费的情况。人工销账是指当用户到营业网点柜面、用户通过网银直接将水费款项汇入自来水企业的账户时，需要收费人员进行人工销账。

14. 收费日报表是以一个收费工作日为期间的销售水费收入的汇总报表，它是对于当天销账工作的总结，显示当天销账过程的结果。无论通过营收系统直接销账还是人工销账，在当天的销账工作结束后，都必须打印或填写收费情况日报表。包括：收款人当天收费凭证、个人开票收据清单和个人收费清单。这三张收费日报，是收费人员日常工作中所用到的最基本报表，它们互相勾稽、互相验证，既体现了收费人员的收费情况，也为后续财务部门进行水费收入的账务处理提供了依据。

15. 水费期末欠费，从财务的角度来说，即“应收账款期末余额”，是衡量自来水企业水费回收情况、财务运转情况的重要经济指标之一。从数值上说：本期水费期末欠费＝上期水费期末欠费＋本期水费发行金额－本期水费收回金额。自来水企业财务应于每月末最后一个工作日收费工作结束后，进行当期水费欠费的统计、整理，并编制欠费分类报表。

16. 暂收款项目是指自来水企业暂时留存在账面上无法销账的用户款项。暂收款项目原则上不作为收入记账。

进入暂收款项目的情况有以下几种：

(1) 用户缴纳的支票多款；

(2) 用户所欠水费金额巨大，在与自来水企业协商一致后按期缴纳一定数额的费用，待满足销账条件后进行核销，此时尚未核销的金额；

(3) 用户重复缴费或在银行委托收款过程中重复扣款；

(4) 用户自行汇入自来水企业账户却未告知，且经多方查找无法联系到用户的款项。

17. 供水企业可以采用的欠费催缴方式有常规催缴、企业内部受控、诉讼和社会信用体系等。

常规催缴是按照送发水费账单的模式，向用户送达水费催缴单或水费催缴信息，了解用户欠费的原因和缴费计划，尽量以说明教育为主，督促用户缴纳欠费。

企业内部受控是供水企业建立内部受控管理系统，将与供水企业发生各项业务往来中故意拖欠费用或不诚信的用户，列入企业受控名单，在其清缴相关费用后，才受理其相关涉水业务。

诉讼是对欠费数额巨大的用户，供水企业委托企业法律顾问，向人民法院提请水费民事诉讼。通过人民法院判决或调解实现欠缴水费回收。

社会信用体系也称国家信用管理体系或国家信用体系。社会信用体系是以相对完善的法律、法规体系为基础；以建立和完善信用信息共享机制为核心；以信用服务市场的培育和形成为动力；以信用服务行业主体竞争力的不断提高为支撑；以政府强有力的监管体系作保障的国家社会治理机制。

五、综合分析题

① 设备成本＝100000＋10000＋10000＝120000 元

② 年折旧率＝(1％～5％)/5×100％＝19％

③ 月折旧率＝19％/12×100％＝1.58％

④ 月折旧额＝120000×1.58％＝1896 元

第8章　供水营销重要经营指标的分析预测

一、单选题

1. C　2. B　3. D　4. B　5. A　6. D　7. B　8. B　9. B　10. A
11. B　12. A　13. B　14. B　15. B　16. D　17. A　18. C　19. A　20. D
21. B　22. A　23. A　24. A　25. A　26. A　27. B　28. A　29. A　30. D
31. B　32. B

【解析】

1. 售水量包含抄见水量和非抄见水量两部分。

2. 合法的用水量包括计量收费的收益水量和未收费的不产生收益的部分水量。

6. 当供水量增长而售水量下降时，说明管网真实漏损或非法用水等表观漏损加大。

20. 注意产销差与损漏率的区别。参考第26题。

22. “因用户计量误差和数据处理错误造成的损失水量”属于表观漏损。参考教材第225页。

23. 小区漏损率＝(5400－4200－600)/5400×100％＝11.11％

24. 产销差率＝(2.37－2.09－0.12)/2.37＝6.75％

二、多选题

1. ABCD　2. ABC　3. ADE　4. ABCD　5. BC　6. ABCDE
7. ABCDE　8. AB　9. ABD　10. ABCDE　11. BCDE　12. ABCDE
13. ABC　14. ACDE　15. ABCDE　16. ABCDE　17. ABCDE　18. ACDE
19. ABCD　20. ABDE　21. ADE　22. ABCD　23. ABCDE　24. ABCD
25. ABCD　26. ADE　27. ADE　28. ABCDE　29. ABCDE　30. ABCDE
31. ABCD　32. ABC　33. ABCE　34. ABCDE　35. ABCD　36. AB
37. ACD　38. ABE　39. BCD　40. ABCDE

【解析】

20. 选项C：同期存在大量漏失，则供水量和售水量两者都同比大幅降低，现题干供水量保持不变相悖。

21. 选项B会造成供水量与售水量两者同步增长或下降。

26. 选项B和选项C：单独考虑供水量的增长率或管网损漏水平都不足以影响售水量水平。

27. 售水量＝供水量（1－产销差率），故售水量增长率应大于供水量的增长率。

三、判断题

1. ✓　2. ×　3. ×　4. ×　5. ×　6. ✓　7. ✓　8. ×　9. ✓　10. ✓
11. ✓　12. ×　13. ×　14. ×　15. ×　16. ✓　17. ×　18. ✓　19. ×　20. ×
21. ×　22. ✓　23. ×

【解析】

2. 管道冲洗用水可挂表计量并收费，因而属于合法用水量而不属于漏损水量。参考教材第225页。

3. 合法用水量中未收费的水量不属于收益水量。

4. 通常情况下，消防救火用水纳入免费用水范围，消防部门的办公用水应挂表计量并收费。

5. 用户户名变更与其用水性质没有必然关系。

8. 售水量分析的主要目的是做好售水量管理，进而做好供水企业产销差管理。与应收账款回收没有关联。

12. 售水量预测在售水量分析的基础上进行的。影响年度售水量预测和月度售水量预测的因素不同。

13. 户均水量的变化趋势是进行户表（小户）用水量预测采用的方法。

14. 影响年度售水量预测的因素主要有：供水市场变化、供水企业年度设定的产销差率目标、往年的供售水量以及天气变化等特殊因素。

15. 月度售水量预测的主要依据有：年度售水量计划、月售水量比例、供水市场变化对具体月份的影响以及一些特殊因素。

17. 供水企业应制定未计量未收费的合法用水量的计算方法，按实际情况合理估算。

19. 损漏率计算与供水量有关。

20. 管理表夜间有流量产生，可分为管网漏失、非法用水和正常用水三种情况。

21. 损漏率与产销差率的不同之处在于未收费的合法用水量是不计算在损漏水量里的。

23. 损漏水量＝供水量－售水量－未收费的合法用水量。

四、简答题

1. （1）掌握售水量变化趋势；
（2）掌握水量波动的原因；
（3）客观因素对售水量的影响；
（4）抄见质量对售水量的影响；
（5）售水量的管控方向。

2. （1）参考供水量对比分析法；
（2）同比分析法；
（3）环比分析法；

（4）特殊事件分析法；

（5）户均水量分析法。

3.（1）年度供水市的变化；

（2）供水企业设定的年度产销差目标；

（3）往年的供售水量；

（4）特殊因素的影响（闰年、天气变化等）。

4.（1）未计费水量；

（2）失窃水量；

（3）漏失水量；

（4）水表精度误差损失水量。

5.（1）供水企业缺乏有效的水费应收账款管理机制；

（2）供水企业未建立完善有效的欠费催缴体系；

（3）供水企业未建立水费应收账款有效的管理考核机制；

（4）供水企业的法务管理体系不够完善；

（5）供水企业未建立欠费用户的信用管理体系；

（6）供水企业未提供便捷的用户缴费渠道；

（7）抄表到户率不高。

6.（1）供水企业有无制订水表抄见规范、见表率指标、见表率管理考核制度以及各项规范制度的落实情况；

（2）供水企业有无制订新装用户资料验收、录入、抄见管理流程和时效要求；

（3）供水企业抄收人员队伍的综合素质的培养、工作质量的管理情况；

（4）供水企业是否制订科学合理的水表及表位安装规范，以及接水工程完成后的水表及表位验收工作是否到位；

（5）城市建设或其他客观因素影响水表的正常抄见。

第 9 章　分区管理（DMA）的应用

一、单选题

1. B　2. C　3. D　4. C　5. C　6. B　7. C　8. A　9. C　10. B
11. A　12. D　13. C　14. D　15. B　16. A　17. A　18. C　19. C　20. C
21. C　22. C　23. D　24. A　25. C

二、多选题

1. AD　2. AC　3. BDE　4. ABC　5. CD　6. AC
7. ABCDE　8. CDE　9. ABDE　10. BE　11. ABCDE　12. AB
13. AB　14. CD　15. ABCD　16. ACDE　17. BCD　18. BD
19. ABD　20. ABD

三、判断题

1. √　2. ×　3. √　4. ×　5. √　6. ×　7. ×　8. √　9. ×　10. ×

【解析】

2. 产销差水量为系统供给水量与收益水量之差。

4. 未收费已计量供水量和未收费未计量供水量之和为未收费水量。

6. 水表、流量计等计量仪表的精度对水平衡分析效果的准确程度影响不大。

7. 未计量用水量即为产销差。

9. 国际水协在其漏损控制手册《IWA best practice manual》中建议将产销差和产销差率只作为评定供水企业效益和收入的指标，并不适用于评估供水管网管理效率的重要指标。

四、简答题

1. 分区管理（DMA）优势可表现为以下几点：

（1）为区域内的供水管网改造和计量器具维护更新、供水规划等提供参考；

（2）有助于供水企业职能管理部门及时发现爆管、漏失、未计等事故问题；

（3）辅助利用检漏工具对漏点精确定位，便于快速修复，减少水量损失；

（4）通过控制一个或是一组 DMA 的水压，使管网在最优的压力状态下运行。

2. （1）最小夜间流量是衡量供水管网产销差的重要指标。

（2）最小夜间流量协助漏损水量的评估与漏水点的定位。

（3）最小夜间流量是实现供水管网压力管理的重要手段。

3. 分区管理（DMA）是指供配水系统中一个被切割分离的独立区域，通常采取关闭阀门或安装流量计，形成虚拟或实际独立区域。通过对进入或流出这一区域的水量进行计量，并对流量分析来定量泄漏水平，从而有利于检漏人员更准确地决定在何时何处检漏更为有利，并进行主动泄漏控制。通过实时监控和分析远传流量、压力数据，确定引起区域水量损失的主要因素，是高效控制和降低无收益水量的方式之一。

4. 第一阶层：通常为长距离输水，大管径、高扬程、多起伏，压力波动剧烈，而压力的剧烈波动会引起水锤事故和爆管的发生，造成大量水量损失，按照地面标高变化，实施压力分区，进行局部增压/降压，避免了系统压力过高带来的额外漏损，也避免了系统压力高低起伏剧烈波动，便于实施水锤防护措施，维护管网安全，从而有效降低漏损。

第二阶层：进行管网分区有助于实施长期的管网压力调控，确保分区内进行减压措施，降低背景漏失、降低爆管发生的频率和管网系统发生爆管和漏损时的漏损量。同时，进行压力调控还可以延长管网设施的使用寿命和降低与压力相关的消耗。通常管网优化水力模型都建立在这一层，可以指导漏损控制方案制定，便于水量、水压管理。这一阶层漏损控制的重点是管网压力管理，分区之后，对水压过高区域，便于安装减压装置调节水压，减少超压过高而引起的水量漏损。

第三阶层：是漏损管理的基本单元和漏损控制的核心模块，因其直接面向用户，水量的取用都集中在这一层，水量数据充分，通过实施 DMA 管理，能迅速排除大的漏点，进行系统性的测试，以评估管网状况，对流量实时监测以发现漏水的早期迹象，建立水平衡分析系统，检漏效率高。层内管道修复更换、管网改扩建频繁，分区之后这些管段区域归属明确，进行漏损控制针对性强，易于操作，对整个管网系统影响较小。

5.（1）管路选择正确，安装后可形成封闭区域。

（2）便于抄见和维护，抄表和换表有足够的空间。

（3）安全方便，不易被压占。

（4）分户表不易统一，但是应有一定规律便于抄见和更换。

6.（1）夜间流量下降同等数量：无需进一步措施；

（2）下降但很小：调查夜间用水是否有压力下降可能性；

（3）没有下降反而上升：查找新的漏损，调查压力下降，考虑管道更新；

（4）下降但重新上升：查找新的漏损，调查压力下降，考虑管道更新；

（5）没检测到、但夜间流量高：调查夜间用水，调查压力下降，考虑管道更新。

7.（1）检查内部水表连接状态。首先进行水量平衡，用总水量和按夜间最小流量得出的损漏应该近似平衡，然后检查所有流量是否被计量，最后所有流量相加进行持续性检查。

（2）检查 DMA 基础数据。检查用于计算损漏率的基本数据，包括居民和非居民漏损情况、居民户数、非居民户数和暗漏数据。

（3）检查漏损计算。重新计算 DMA 数据和夜间最小流量，可得出暗漏。

（4）检查水表误差。如果 DMA 有多个出入口，需计算水表误差，如总的水表误差超过 5%，导致了额外漏损，则考虑重新设计 DMA 以减少水表数或更换误差小的水表。

（5）检查边界阀门。按新建 DMA 的方法检查阀门。

（6）进行零压力测试。零压力测试可以保证是否有未知连接和DMA边界相连。

（7）进行DMA下跌测试。通过压力测试来校正实际漏损与正常MDA压力下的漏损。

（8）短期流量记录。来检测实际流量和估计流量的区别。

（9）水表准确性。通过更换水表以及水表安装（前后间距，安装要求）位置的检查。

（10）非法用水检查。

（11）修复。报告的爆管是否已经修复。

（12）夜间最小水量检查和复核。检查是否在DMA中有大量夜间用水人群或大型花园、水箱用水等。

第10章　安全生产知识

一、单选题

1. C　2. D　3. A　4. D　5. C　6. D　7. A　8. B

二、多选题

1. ABCD　2. BD　3. AB　4. ACD　5. BCD　6. ABCD

三、判断题

1. √　2. √　3. ×　4. ×　5. √

【解析】

3. 当部门安全生产规章之间、部门规章与地方政府规章之间发生抵触时，由国务院裁决。

4. 地方政府安全生产规章在法律体系中处于最低的位阶，即第六法律位阶。

四、简答题

1. (1) 必须贯彻“安全第一，预防为主”的思想，认证执行外业工作安全生产管理规定，并保持相关记录。

(2) 应定期组织对外现场安全警醒安全宣传加强与检查；作业组长、监督检查；作业组长、安全员应加强日常性的安全生产教育和监督提醒，发现问题及时协调解决，教育与监督检查情况应予以记录。使员工充分认识到外业安全生产工作的重要性，树立安全生产意识并能结合具体情况进行自我保护。

(3) 外业作业中配发的抄表钩等应定期进行保养和检查，发现不合格的应及时报废更新。材料及仪器设备的管理按安全生产有关规定执行，做好防火、防盗工作。

(4) 管理人员及班组长应关注员工健康，积极组织开展自我健身娱乐活动，确保外业员工保持旺盛的精力和热情，做好抄表工作。

2. (1) 在道路上作业时，要防止各种车辆冲撞，高空坠物。

(2) 在抄表时，注意轻放箱盖，防止砸到脚。

(3) 进户抄见时，先明确户内情况，避免犬类等动物冲咬。

(4) 抄见出户落地表，注意蚊虫叮咬侵害，掀开表箱正常抄见后，注意将表箱轻轻放回，注意保护人身安全。

(5) 酷暑严寒天气，应做好防暑和保暖工作，合理安排作业时间，尽量避开高温或严寒时段让员工长时间在室外工作。

（6）雷雨天气，不在山顶、大树和高压电线杆下停留，不使用金属杆雨伞，以防雷击。

供水客户服务员（五级 初级工）

理论知识试卷参考答案

一、单选题

1. C	2. D	3. D	4. A	5. B	6. D	7. D	8. C	9. A	10. D
11. D	12. D	13. A	14. A	15. D	16. B	17. A	18. B	19. D	20. D
21. D	22. B	23. A	24. A	25. D	26. B	27. D	28. D	29. A	30. B
31. B	32. B	33. C	34. C	35. C	36. C	37. D	38. C	39. D	40. A
41. C	42. D	43. B	44. B	45. C	46. A	47. A	48. D	49. A	50. B
51. D	52. B	53. A	54. B	55. A	56. C	57. B	58. A	59. C	60. A
61. D	62. C	63. A	64. C	65. A	66. C	67. A	68. A	69. A	70. A
71. D	72. D	73. B	74. C	75. A	76. D	77. B	78. A	79. D	80. D

二、判断题

1. ×	2. √	3. √	4. √	5. √	6. √	7. ×	8. √	9. ×	10. ×
11. √	12. √	13. ×	14. √	15. √	16. √	17. √	18. ×	19. ×	20. √

供水客户服务员（四级 中级工）

理论知识试卷参考答案

一、单选题

1. D	2. B	3. A	4. C	5. D	6. A	7. C	8. D	9. D	10. D
11. C	12. D	13. A	14. C	15. C	16. D	17. B	18. A	19. D	20. A
21. B	22. A	23. A	24. D	25. A	26. B	27. D	28. B	29. C	30. A
31. D	32. D	33. D	34. C	35. C	36. A	37. C	38. C	39. A	40. C
41. B	42. A	43. C	44. A	45. C	46. D	47. B	48. D	49. D	50. D
51. B	52. C	53. C	54. A	55. C	56. A	57. C	58. D	59. C	60. D
61. C	62. D	63. D	64. A	65. A	66. A	67. B	68. B	69. C	70. B
71. B	72. A	73. A	74. A	75. B	76. D	77. B	78. A	79. C	80. B

二、判断题

1. ×	2. √	3. √	4. ×	5. √	6. ×	7. √	8. ×	9. √	10. √
11. ×	12. ×	13. √	14. √	15. √	16. √	17. ×	18. √	19. ×	20. √

供水客户服务员（三级 高级工）

理论知识试卷参考答案

一、单选题

1. A	2. C	3. D	4. B	5. C	6. B	7. D	8. C	9. A	10. D
11. B	12. B	13. B	14. C	15. A	16. C	17. A	18. D	19. D	20. C
21. B	22. C	23. A	24. C	25. A	26. B	27. B	28. D	29. B	30. D
31. A	32. A	33. B	34. C	35. B	36. A	37. D	38. B	39. C	40. C
41. C	42. C	43. A	44. C	45. C	46. D	47. C	48. D	49. D	50. C
51. D	52. C	53. A	54. B	55. D	56. C	57. A	58. C	59. A	60. C
61. D	62. C	63. A	64. C	65. B	66. D	67. D	68. D	69. B	70. D
71. D	72. A	73. A	74. A	75. D	76. A	77. C	78. A	79. C	80. A

二、判断题

1. √	2. √	3. ×	4. ×	5. √	6. ×	7. √	8. √	9. √	10. ×
11. ×	12. √	13. ×	14. ×	15. ×	16. √	17. ×	18. √	19. ×	20. ×

三、多选题

1. BCE	2. BCE	3. BCE	4. ABCDE	5. ABCD
6. ABC	7. DE	8. ACD	9. ABCDE	10. ACDE